鸚鵡螺
數學叢書

走近愛因斯坦和牛頓

當火車撞上蘋果

張海潮 著

三民書局

鸚鵡螺數學叢書
總　序

本叢書是在三民書局董事長劉振強先生的授意下，由我主編，負責策劃、邀稿與審訂。誠摯邀請關心臺灣數學教育的寫作高手，加入行列，共襄盛舉。希望把它發展成為具有公信力、有魅力並且有口碑的數學叢書，叫做「鸚鵡螺數學叢書」。願為臺灣的數學教育略盡棉薄之力。

▌論題與題材

舉凡中小學的數學專題論述、教材與教法、數學科普、數學史、漢譯國外暢銷的數學普及書、數學小說，還有大學的數學論題：數學通識課的教材、微積分、線性代數、初等機率論、初等統計學、數學在物理學與生物學上的應用等等，皆在歡迎之列。在劉先生全力支持下，相信工作必然愉快並且富有意義。

我們深切體認到，數學知識累積了數千年，內容多樣且豐富，浩瀚如汪洋大海，數學通人已難尋覓，一般人更難以親近數學。因此每一代的人都必須從中選擇優秀的題材，重新書寫：注入新觀點、新意義、新連結。從舊典籍中發現新思潮，讓知識和智慧與時俱進，給數學賦予新生命。本叢書希望聚焦於當今臺灣的數學教育所產生的問題與困局，以幫助年輕學子的學習與教師的教學。

從中小學到大學的數學課程，被選擇來當教育的題材，幾乎都是很古老的數學。但是數學萬古常新，沒有新或舊的問題，只有寫得好

或壞的問題。兩千多年前,古希臘所證得的畢氏定理,在今日多元的光照下只會更加輝煌、更寬廣與精深。自從古希臘的成功商人、第一位哲學家兼數學家泰利斯 (Thales) 首度提出兩個石破天驚的宣言:**數學要有證明**,以及**要用自然的原因來解釋自然現象**(拋棄神話觀與超自然的原因)。從此,開啟了西方理性文明的發展,因而產生數學、科學、哲學與民主,幫忙人類從農業時代走到工業時代,以至今日的電腦資訊文明。這是人類從野蠻蒙昧走向文明開化的歷史。

古希臘的數學結晶於歐幾里德 13 冊的《原本》(*The Elements*),包括平面幾何、數論與立體幾何,加上阿波羅紐斯 (Apollonius) 8 冊的《圓錐曲線論》,再加上阿基米德求面積、體積的偉大想法與巧妙計算,使得它幾乎悄悄地來到微積分的大門口。這些內容仍然是今日中學的數學題材。我們希望能夠學到大師的數學,也學到他們的高明觀點與思考方法。

目前中學的數學內容,除了上述題材之外,還有代數、解析幾何、向量幾何、排列與組合、最初步的機率與統計。對於這些題材,我們希望在本叢書都會有人寫專書來論述。

▍讀者對象

本叢書要提供豐富的、有趣的且有見解的數學好書,給小學生、中學生到大學生以及中學數學教師研讀。我們會把每一本書適用的讀者群,定位清楚。一般社會大眾也可以衡量自己的程度,選擇合適的書來閱讀。我們深信,**閱讀好書是提升與改變自己的絕佳方法**。

教科書有其客觀條件的侷限,不易寫得好,所以要有其它的數學讀物來補足。本叢書希望在寫作的自由度幾乎沒有限制之下,寫出各

種層次的好書，讓想要進入數學的學子有好的道路可走。看看歐美日各國，無不有豐富的普通數學讀物可供選擇。這也是本叢書構想的發端之一。

學習的精華要義就是，**儘早學會自己獨立學習與思考的能力**。當這個能力建立後，學習才算是上軌道，步入坦途。可以隨時學習、終身學習，達到「真積力久則入」的境界。

我們要指出：學習數學沒有捷徑，必須要花時間與精力，用大腦思考才會有所斬獲。不勞而獲的事情，在數學中不曾發生。找一本好書，靜下心來研讀與思考，才是學習數學最平實的方法。

III 鸚鵡螺的意象

本叢書採用鸚鵡螺 (Nautilus) 貝殼的剖面所呈現出來的奇妙螺線 (spiral) 為標誌 (logo)，這是基於數學史上我喜愛的一個數學典故，也是我對本叢書的期許。

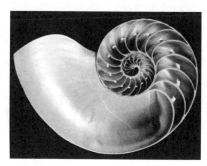

鸚鵡螺貝殼的剖面

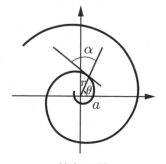

等角螺線

鸚鵡螺貝殼的螺線相當迷人，它是等角的，即向徑與螺線的交角 α 恆為不變的常數 ($\alpha \neq 0°, 90°$)，從而可以求出它的極坐標方程式為

$r = ae^{\theta \cot \alpha}$，所以它叫做指數螺線或等角螺線，也叫做對數螺線，因為取對數之後就變成阿基米德螺線。這條曲線具有許多美妙的數學性質，例如自我形似 (self-similar)、生物成長的模式、飛蛾撲火的路徑、黃金分割以及費氏數列 (Fibonacci sequence) 等等都具有密切的關係，結合著數與形、代數與幾何、藝術與美學、建築與音樂，讓瑞士數學家柏努利 (Bernoulli) 著迷，要求把它刻在他的墓碑上，並且刻上一句拉丁文：

Eadem Mutata Resurgo

此句的英譯為：

Though changed, I arise again the same.

意指「雖然變化多端，但是我仍舊照樣升起」。這蘊含有「變化中的不變」之意，象徵規律、真與美。

鸚鵡螺來自海洋，海浪永不止息地拍打著海岸，啟示著恆心與毅力之重要。最後，期盼本叢書如鸚鵡螺之「歷劫不變」，在變化中照樣升起，帶給你啟發的時光。

蔡聰明

2012 歲末

推薦序

　　幾天前走過數學系的大廳，聽到一個熟悉的聲音，明亮的談著自己的數學經驗，一瞥可見幾個學生散坐在他身旁的沙發，在座還有年輕老師，每個人帶著微笑專注地聽著。這是典型的海潮時刻，退休十餘年，仍然可以佔住主場，在學生面前怡然散發他的風采。

　　一般人對數學家有很多「想像」，海潮倒也無忝於奇人異士之列。他長年平頭造型，始終騎單車去來台北各地，衣著絕對的樸實無華，加上他身材精瘦，目光炯炯，頗有精悍老兵之威。他說有次跨越金山南路時，警察有眼不識泰山，硬是被指為大陸偷渡客，這段故事他繪聲繪影，令人絕倒。不過別看他身材瘦，學生時期就是台大橄欖球校隊，後來還職掌教練多年。甚至到他六十多歲，我都仍常在系上看到他身著橄欖球裝，笑說剛從操場打球回來。海潮常感嘆一般人誤以為橄欖球蠻橫愚蠢，裡子其實是最需要智慧，謀定而後動的運動。

　　對我來說，海潮亦師亦友。他美國留學回台灣時，我剛進數學系，由於不常在系上，偶爾聽班上女生說起，系上回來個很帥的老師。第一次真正見到海潮是大四，他教李代數，上課清晰明白，連我這不擅長上課的人，也聽得津津有味。我出國之後，在波士頓見過來美訪問的海潮，當時我住波士頓郊區樺桑鎮 (Waltham)，他留學就讀的布朗戴斯大學 (Brandeis University) 就在那邊，兩人多了許多生活談資，包括如何在超市買便宜肉款，如何滷牛腱，秘訣記憶至今。從此師情轉友情，我也多了許多享受海潮時刻的機會。

　　海潮是理理論論的純數學人，但普通時候說話絕不腐氣，他不太講抽象的東西，信手拈來的是自己聽到的或經歷的體驗，一個個的故事，自然地結合在一起，憤世任俠的警言，幽默風趣的調味，融於一體，讓人跟他說話，會自動聚精會神。這樣的特質發而為文，可想而知該是篇篇精彩的文章。

　　不過我從沒料到海潮真會提筆寫文章，也許是因為夫人鄭至慧太能寫，或許因為他太能講，嫌文字麻煩，新世紀前的他只在《數學傳播》寫過一些同仁文章，感覺似乎沒有想寫科普文章的動機。不過現在回想，事情倒也不是全然沒有跡象。

　　1990 年代中期，海潮擔任系主任時，開始推動台大微積分教育的改革，建立跨系選課制，徹底鬆動老師決定一切的老傳統。大約同時，他參與推動校園改革的教師社團「鏡社」，校園改革無疑是當時台灣政治改革潮流的一環。大概就從此時起，海潮慢慢從數學學者跨入台灣數學教育改革的行列。譬如在這段期間，他開始長期協助大學考試中心的試題研究，直接面對考試領導教學的老問題。大約同時，海潮接下高中課綱的召集人，正式接觸與推動高中教育的改變。尤其 2000 年後國中小九年一貫課綱修訂，台灣數學界有多人包括海潮皆參與其中。為了向公眾和教師說明課綱的想法與釋例，甚至進而深入演示數學的內容方法與意義，海潮後來接下《中央日報》的數學專欄，正式開始自己廣義數學科普作者的生涯。2006 年，他收錄多篇專欄文章為《說數》（2006，三民）一書。海潮的第一本數普書果然書如其人，頗受歡迎。

　　海潮過去常自謙不擅寫長文，他的文章在篇幅和內容上，與市面上所謂科普書大異其趣，以短小精悍的散文為主。他的文章特色倒是十分明確，喜寫自己的經驗或與實際生活相關的話題，也擅用第一手

文獻（或第 1.5 手的翻譯），至於數學算式若有需要，絕不馬虎了事。海潮特別不喜歡軟弱無力或裝腔作勢的軟科普風格，覺得既然是數學，該講清楚的仍然要講清楚，不然文章無法讓讀者真正受益。簡而言之，他這是學者型的科普，而不是記者型或公關型的科普。努力想保留數學算式，應該會讓許多編輯頭大，不過他倒是一以貫之，從不妥協，從《說數》開始到現在已經出版了五本書。這些著作正好記錄他壯年退休，並未真的退休，只是轉進另一戰場的學者歷程。

首先，海潮因為對大學前數學教育的關注，尤其是他最熟悉的高中數學教育，退休幾年後，便回到台大兼課，在台大教育學程長年擔任「數學教材教法」的教學，並督導學生到高中實習，多年來已經訓練出許多優秀的高中數學教師。教學相長，他從許多實際經驗琢磨出的寶貴心得，多數記錄在《數學放大鏡：暢談高中數學》（2013，三民）之中。

退休重回台大執教，海潮也開始參與台大通識課程。2007 年起開設「數學思想」，2010 年起更開設「數學與文明」，最近兩年則為「愛因斯坦相對論思想發展」。海潮所學雖然是數學中純度比較高的代數幾何，但他一向重視數學和物理之間的關係，強力主張數學系學生必須修習物理課程。近年台大數學系削弱物理的份量，他期期以為不可。或許正因如此，再加上他的專業與興趣，他在準備通識課程時，投入古代天文學的探究（以人度天的天文曆法可是古代數學的根源與發展保障），同時也爬梳新天文學與牛頓物理學的相關課題，並長年關注愛因斯坦研究狹義相對論與廣義相對論的歷史。為了實事求是，他常深入文獻，以數學家的身分做科學史家的工作，我們也經常聽他侃侃而談一些數學或科學史的掌故。這一系列的研究心得可見於底下專著：

《千古之謎：幾何、天文與物理兩千年》（合著，2010，台灣商務）；《狹義相對論的意義》（2012；台灣商務）。通識課程主要授課內容，則編寫為《古代天文學中的幾何方法》（合著，三民，2015）一書。

至於讀者手中這本新書，則是海潮最新的文章結集，風格上比較接近《說數》或《數學放大鏡》，收集他在《數學傳播》、《高中學科中心電子報》以及《科學人》的專欄文章，並粗分為數學科普、中學數學、牛頓、愛因斯坦四大類。一部分反映了海潮對近來十二年國教課綱，甚至台灣教育環境的反省，另一部分則是他鍾愛的物理主題，由於他這一兩年正用心於廣義相對論的研究，本書愛因斯坦相關文章大概只算一個起點，相信日後將會有更多相關的精彩文章問世。

本書倒也不是篇篇短小，其中（包括附錄）有一些比較長也比較數學的文章，如〈狹義相對論劄記〉、〈橢圓的曲率公式和萬有引力的平方反比規律〉、〈牛頓的超酷定理〉都是十分精彩的文章。如果你的數學有相當基礎，一定能讀出樂趣。另外值得一提的是，1990 年（快30 年前）海潮為了上「幾何學」課程，特地和學生合作翻譯的黎曼經典演講稿 〈論幾何學之基礎假說〉 (On the hypotheses which underlie geometry)，也收錄在本書之中。這篇演講稿，是黎曼繼承高斯思想探索幾何基礎的深刻文章，在數學史占有關鍵地位，卻也出名的難讀。算是給本書讀者的小小禮物。

開卷有益，盍興乎來！

臺大數學系教授

翁秉仁

2019 年 11 月

當火車撞上蘋果 ——
走近愛因斯坦和牛頓

CONTENTS

《鸚鵡螺數學叢書》總　序　　　　　　　　　　　　*i*

推薦序　　　　　　　　　　　　　　　　　　　　　*v*

導　讀　　　　　　　　　　　　　　　　　　　　*xiii*

篇 1　數學科普

01	一定要學數學嗎？	3
02	審書趣譚	6
03	建構式數學不可定於一尊	9
04	基測傷了數學	12
05	考試壓死資優教育	16
06	不願自學者，不能入此門	19
07	教學怎能相沿成習？	22
08	大一可以不分系嗎？	25
09	實測是幾何的基礎	28
10	中國天文學首度西化	31
11	第一堂微積分?!	34
12	《一個數學家的嘆息》讀後	37

篇 2 中學數學

01	從代數到算術——獻給國中小的老師	45
02	面積關係與相似形基本定理	50
03	數學小子 S 問幾何先生 G 輔助線	53
04	三角形內角和等於 180° 與畢氏定理	57
05	如何摺一個正五邊形	61
06	從旋轉及縮放看歐拉線與九點圓	63
07	重訪球面三角形面積公式	68
08	在球面上鋪二十個球面正三角形	72
09	虛根成對的一個教法	75
10	時鐘問題與無窮級數	77
11	時鐘問題，小兵立大功！	81
12	零的零次方等於多少？	84
13	尺規作圖的代數面	87

篇 3 牛頓

01	為什麼不是圓？	103
02	月亮代表我的心	106
03	古今大師論橢圓	109

篇4　愛因斯坦

01　我所知道的愛因斯坦　　　　　　　　　　　　　**115**

02　愛因斯坦的數學師友　　　　　　　　　　　　　**118**

03　愛因斯坦看數學　　　　　　　　　　　　　　　**121**

04　我本來可以說得更簡單　　　　　　　　　　　　**124**

05　光經過重力場的偏折　　　　　　　　　　　　　**128**

06　如果超過光速？　　　　　　　　　　　　　　　**132**

07　狹義相對論箚記　　　　　　　　　　　　　　　**135**

08　科學革命／宇宙新理論／拋棄牛頓的想法　　　　**147**

附錄

01　橢圓的曲率公式和萬有引力的平方反比規律　　　**153**

02　牛頓的超酷定理　　　　　　　　　　　　　　　**170**

03　論幾何學之基礎假說　　　　　　　　　　　　　**183**

導　讀

　　蘋果的落下啟發了牛頓 (1643～1727) 萬有引力的思想[1]，而火車或月台 (railway carriage or embankment) 則是愛因斯坦 (1879～1955) 筆下的兩個互以等速運動的慣性系統，但不考慮其間的重力，如果將重力包含進來，就是所謂的廣義相對論[2]。

　　牛頓與愛因斯坦可能是數學、物理學影響力最大的兩個人物[3]，牛頓發明了微積分[4]並應用於力學，從克卜勒三大行星定律，用嚴謹的數學論證行星與太陽之間的引力與距離平方成反比[5]。

　　愛因斯坦雖然沒有開創任何數學，但卻成功的應用微分幾何、張量分析建立了廣義相對論的數學基礎，並以此計算了水星近日點的進動和光經過太陽的偏折角度[6]。

　　讀者們或許知道，牛頓在 1669 年繼承他的老師巴羅，成為第 2 任的盧卡斯數學講座教授[7]，而愛因斯坦則是普林斯頓高等研究所在 1933 年成立數學院時，第一批被聘任的六位教授之一[8]。

　　愛因斯坦曾經說過[9]：

　　「物理學家說我是數學家，數學家又說我是物理學家。我是一個完全孤立者，雖然所有的人都認識我，卻沒有幾個人真正了解我。」

　　真是這樣嗎？至少我們可以從數學、物理學來了解愛因斯坦和牛頓，這是寫這本書的一個重要原因。

　　另外一個原因是，從 18 年前退休起，我直接或間接地接觸到數學教育、資優教育和師資培育，我特地將此一部分的經驗編入本書的篇 1（數學科普）和篇 2（中學數學）而將對牛頓和愛因斯坦的理解置於

篇 3 和篇 4。為了避免過重的數學，我把與牛頓有關的數學工作放在附錄 01 和 02，而請讀者另行參考愛因斯坦有關廣義相對論的計算❻。

　　本書最後一篇（附錄 03）是大數學家黎曼 (1826～1866)28 歲時在哥廷根大學的就職演講。我們現在所謂的微分幾何也稱黎曼幾何，就是為了紀念黎曼所奠基的幾何思想。黎曼的工作深深影響了愛因斯坦的廣義相對論，另一位影響愛因斯坦的老師是閔考夫斯基，請見篇 4 的 01、02、03。

　　我的導讀就到這裡，希望讀者喜歡。

臺大數學系退休教授

2019 年 11 月

附註

❶見本書附錄 02。

❷無重力的情形即狹義相對論，見本書篇 4 的 07。

❸時代雜誌在 1999 年 12 月 31 日推舉愛因斯坦為 20 世紀的 "Person of the Century"，如果牛頓在世，一定也是英雄相惜。

❹另一個發明者是萊布尼茲。

❺見本書篇 3 及附錄 01、02。

❻見本書篇 4，及本人在《數學傳播》發表的三篇文章：

　⑴愛因斯坦的曲率公式與光線經過太陽的偏折角度，請見張海潮《數學傳播》，42 卷 2 期，107 年 6 月。

　⑵介紹愛因斯坦 1915 年 11 月 18 日的水星論文，請見張海潮《數學傳播》，42 卷 3 期，107 年 9 月。

　⑶廣義相對論三個預測的補充說明，請見張海潮《數學傳播》，42 卷 4 期，107 年 12 月。

❼ Lucasian Chair of Mathematics，牛頓為第 2 任，迪拉克為第 15 任，甫去世的霍金為第 17 任。

❽高等研究所成立於 1930 年，1933 年率先成立數學院，聘了六位數學教授，除了愛因斯坦，還有 Alexander （美）、Morse （美）、Veblen（美）、vonNeumann（匈牙利）、Weyl（德）。

❾愛因斯坦名言 (Einstein quote) 第 96 條。

篇 1
數學科普

01 一定要學數學嗎？

讓學生安排自己的學程，選擇自己喜歡的學習目標，
他們會更懂得學習的意義。

2015 年 8 月 4 日，就在反課綱運動進行時，《中國時報》刊登了一篇有關日本文部科學省（即教育部）建議廢除人文學科的報導。這項建議源自國家經濟發展的需求，他們認為大學文科畢業的學生無法在社會上學以致用，同時因為企業再也不願花錢培育自己所需的人才，企業希望大學能負起職前訓練的責任，代為培訓具實戰力及工作技能的員工。

根據該報導，文部科學大臣下村博文已經向日本各國立大學發出通知，明文建議校方應該考慮廢止人文社會學院、教育學院等。

在省思日本教育部的看法之前，我想先說我在臺灣大學文法學院教授通識課程「數學思想」的經驗。有一天，講到克卜勒在 1609 年提出的行星運動面積律，我在黑板上畫了兩個向量 (a, b) 和 (c, d)。

我為學生複習這兩個向量決定的平行四邊形面積是 $ad - bc$，話剛說完，一位女學生舉手說應該要加絕對值記號，$|ad - bc|$，因為 $ad - bc$ 可能是負值，面積必須取正。

　　我誇獎她還記得高中學習的細節，想必是用功的學生。誰知她突然回說：「喔，不，自從大考之後我就努力把學習的數學完全忘掉。」於是我問她：「成果如何？」她說：「忘得很快，不到半年，已經忘得差不多了。」現在我回想起來，在經年累月與文法學院學生相處中，他們最常問的問題就是：「學數學有什麼用？」修課的學生在心得報告中總是說：「本來進了文法學院，以為這輩子不必再碰數學了，覺得日子非常難過！」

　　另外一個例子是我妹妹，她是一位會計，曾任職於一家私人公司長達 40 年。她告訴我在大學時期她學了會計學、微積分和統計，除了會計學，其他兩門完全無用，還沒出校門就已經忘得一乾二淨。看來除了加減乘除，數學對大多數的人來說一定是沒什麼用的。

　　但是對另一批人來說，數學又是有用得不得了。在克萊因 (Morris Kline) 所著的《數學：從文化角度切入》第 521 頁，他談到鋼琴中央 C 的聲波是由這個週期函數代表：

$$y = \sin 2\pi \cdot 512t + 0.2 \sin 2\pi \cdot 1024t + 0.25 \sin 2\pi \cdot 1536t$$
$$+ 0.1 \sin 2\pi \cdot 2048t + 0.1 \sin 2\pi \cdot 2560t$$

　　上式說明鋼琴中央 C 由五個主要的子週期波組成。法國數學家傅立葉 (Joseph Fourier) 最早注意到任何一個週期波都可以分解成基本子週期波的組合，這些子週期波都是 sin 和 cos 的型式。如果我們利用電子儀器把鋼琴鍵代表的子週期波組合，就可以製造一臺電子鋼琴。

　　簡單說，電子鋼琴一部分的理論基礎是數學，不過這個數學太深，遠離了一般人的經驗。實言之，數學並不是沒有用，而是構築了高科技的底層，就如 Google 搜尋引擎，理論基礎必有數學，但一般人只需

輸入關鍵字；物理學的電磁理論也是如此，手機的使用者何需懂得物理學呢？換句話說，在現代社會，大部分的人都是深層理論的表層使用者，只是我們無法在教育中事先認定誰是使用表層功能、誰是處理深層理論；進一步說，任何一門必修課都可以被質疑「有什麼用？」比方說，學歷史有什麼用？因此至少在大學中，一個合理的解決方案就是不分科系，由學生安排自己的學程。

　　同年 2 月 6 日，政治大學校長周行一在《聯合報》發表〈臺灣需要分權的教育環境〉，文中提到美國史丹佛大學的學生不再選擇主修，而是選擇自己喜歡的學習使命 (mission)。他說，政府如果以計畫經濟「調節」社會的人力供給，必定會徒勞無功。他又說，臺灣實際上只有一所「教育部大學」，學生選擇權太少了。

　　我想，日本的教育部長下村先生也應該讀讀周校長的文章，給學生充分的選擇權，如此，學校自然會進行調節，可能學生就不會再問：「為什麼要學數學？」

——原載於《科學人》2015 年 9 月號——

02 審書趣譚

數學教學想利用情境佈題，經常是自找麻煩！

　　過去有幾年，我曾擔任國中小數學教科書審定委員會的主任委員。這個委員會的工作是審查數學教科書內容是否符合課程綱要、是否正確和表達方式是否恰當。審查過程裡，有一些令人難忘的經驗。

　　有一次審查有關除法的課程，課本出現一個例題：

六顆橘子分給兩位小朋友，每位小朋友得到幾顆？

委員甲：這個例題沒有說清楚怎麼分，我建議把「分」改成「平分」。

委員乙：贊成。不過應該要說得更清楚，請在「平分給兩位小朋友」
　　　　後加上一句「一定要分完」，才沒有爭議。

委員丙：我贊成兩位委員，但我認為更恰當的敘述是：六顆「一模一
　　　　樣」的橘子「平」分給兩位小朋友，「一定要分完」，每位小
　　　　朋友得到幾顆？

　　經過一番討論之後，我的裁決是只把「分」改成「平分」，其他免議，理由是「畫蛇添足」。

　　另外一次審查有關容量的課程，課本的例題是：

養樂多的瓶子容量是 100 毫升，現在將瓶子裝滿水後倒進水桶，請問要倒幾次才能倒滿一公升？

委員丁：我有意見，我特別到超商檢查養樂多的瓶子，發現養樂多並
沒有裝滿。我買了一瓶回家，喝完後把瓶子裝滿水，再倒到
量筒，發現瓶子的容量是 105 毫升。

我的裁決是：建議把「養樂多的瓶子」改成「有一個瓶子」，但並
不強制出版商遵循，因為此題中「養樂多」只是一個方便的情境，所
謂借力使力，不必那麼當真。

後來在審國中課本時，碰到一個例題：

街道一邊的門牌號碼第一戶是 6 號，第十戶是幾號？

委員甲：這個題目有問題，因為在第一戶到第十戶中間可能有巷子，
所以第十戶的號碼不一定是 24 號。

委員乙：不但如此，並且戶號還可能有之幾的，例如：6 號之後的這
一戶是 8 號之 1，然後是 8 號之 2 等。

我的裁決是：謝謝大家，我們將意見轉給出版者，不過我想他們
可能會改成：公差為 2 的等差數列，首項是 6，第十項是多少？

換句話說，利用情境佈題經常是自找麻煩。

同樣在等差數列的課程，碰到下面這個考古題：

**用四根火柴棒可排成一個正方形。要在正方形右邊用火柴棒繼續排出
正方形（如圖 1–2–1），請問要用多少根火柴才能排出十個正方形？**

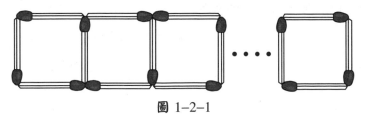

圖 1–2–1

委員丙：這個問題最有問題的地方，是四根火柴棒其實不可能排成一
　　　　個正方形，因為火柴棒有個小頭。大家仔細看，四個小頭突
　　　　在那裡，怎麼可能會是正方形呢？

委員丁：如果這樣，我建議用牙籤，不要用火柴棒。

委員戊：牙籤中間胖兩頭尖，排了也不會像正方形。

主任委員：不然要怎樣才能弄出一個真正的正方形呢？

委員戊：我可以用圓規和直尺來畫出直角，然後……

主任委員：我請教你，你在畫正方形時，你畫的邊有沒有粗細？請注
　　　　意，直線是不能有寬度的，請問你要用什麼筆來畫出四條
　　　　沒有寬度的直線？

委員丙、丁、戊：……

主任委員：柏拉圖認為「數學是不完美的現實的完美呈現」，火柴棒是
　　　　現實，但是它所拼成的正方形卻是一個完美的概念。其實
　　　　這個例題沒有問題，如果照各位的意見，任何幾何的圖形
　　　　都不可能正確。數學的抽象性，代表的正是如何從不完美
　　　　的圖形中抽離出本質。

　　　第一階段的審書業務告一段落後，我因個人因素辭去審書工作。
當年柏拉圖是不是那樣說的，我不確定，但現場的委員並沒有提出異
議，他們應該都聽懂了我的意思。

　　　　　　　　　　　　　　——原載於《科學人》2012 年 1 月號——

03 建構式數學
不可定於一尊

建構式數學的教學理念立意甚佳，為何到了教學現場卻完全走樣？

臺灣的建構式數學教材從 1996 年小學一年級開始實施，在首批學生升國一後，有些評量顯示學生的計算能力比過去低，例如不會九九乘法表、不會直式計算。經媒體披露後，很快引起各界的注意與討論。

要了解建構式數學造成的影響，得從其理念談起。本來，「建構」在教學上的意義，是指學習者必須透過自身體驗來建構自己的知識，而非單方面由教師告知，因此在學習過程中應該透過認識、熟練和理解，將外在的訊息內化成個人體認。從這一點看來，建構是天經地義。

然而，當時臺灣主張以建構精神進行數學改革的人對數學認識不夠，一開始便掉進了數學本質與表現形式孰輕孰重的陷阱。以九九乘法表來說，乘法是加法的速算，當然應該從連加法來理解九九乘法表。但這樣的理解要進行多久，才能開始背誦乘法表？比方說，探討 5×3 和 3×5 的意義有什麼不同？或是討論 5×3 只是一個記法，還是有什麼本質上的意義？難道要對所有的表現形式都探討清楚，才能進入 23×5 的練習？

　　實情是，當時的建構者自覺或不自覺將數學的內容，從原來的計算本位推向一個對表現形式的批判當中，因而推遲了對學生計算能力的培養。這個走向極端的現象，可用小學課本中介紹「角」的例子來說明。在談角的時候，角度的測量操作是最基本的，就好比談長度時，不能不用尺來度量，否則請問「什麼是長度呢？」

　　但臺灣的建構者喜歡先把「什麼是角」弄清楚，於是他們先定義「角」：從一點發出的兩條射線所形成的圖形。在這裡必須提醒的是，歐幾里得《幾何原本》對角的說明只是「當兩條直線相交，互相傾斜的程度」。很難想像當他們不停深究什麼是角之後，又弄出一個旋轉角的概念，把角的形成從靜態變成動態。在這種情形下，小朋友是更能體會什麼是角？還是浪費時間，將本來要做的練習，例如好好去量出一些角度、學習使用量角器給耽誤了呢？

　　另外一個例子是建構者對直式計算的排斥，例如在計算 $35 + 27$ 的時候，堅持必須從頭到尾以橫式進行：

$$35 + 27 = 30 + 5 + 20 + 7 = 30 + 20 + 5 + 7 = 50 + 12 = 62$$

　　於是直式的學習也延後了。更糟糕的是，許多老師不准學生在作業或考試中用直式計算，因為他們認為橫式一步一步拆解重組才是對加法真正的理解，直式計算只是一個「算則」，不能代表理解。在這樣的氛圍下，難怪遲遲不背九九乘法表，並且連乘法的直式計算學習也推遲了。

　　不背九九乘法表的後遺症又更多了，但臺灣的建構者卻辯稱可以用計算機來代理。這說得好，但若依照建構者的理念，在使用計算機之前是不是應該把機器拆開來，看看裡面藏著哪些奇奇怪怪的零件？計算機的內部運作難道比直式算則更容易理解？

再回到建構式教學的理念，理念沒有問題，而且它本來是容許多元化的。但是臺灣的建構式數學卻又定於一尊：不能出現九九乘法表、不要直式計算、一定要用減法做除法等。一個原本帶著多元化教學的理念，為何到了教學現場又變成一元化呢？

教育部為了回應各界對建構式數學的反彈並進行後續補救工作，在 2003 年 3 月出版了一本《樂在數學：國民中小學數學教學參考手冊》發放到各國中小學，內容也公開上網。《樂在數學》第 39 頁有一個很委婉的說明，簡單的說，就是當時建構的主力自己出來編了代表教育部的部編本，而其他書局只好「參考」部編本來編寫。結果教科書表面上是多元版本，實質上卻定於一尊。

幸好從 2003 年開始，這套教材基本上不再使用，新編的教材當然不會排斥九九乘法表和直式計算，但也不可能回到 1996 年以前單方面由教師告知的學習狀態。經過這些年來的磨合，相信至少在小學數學的學習中，建構的理念會更加落實。

——原載於《科學人》2011 年 8 月號——

04 基測傷了數學

只考單選題，讓年輕世代喪失理解與證明的能力，
更失去競爭力！

　　國民中學學生基本學力測驗（以下簡稱基測）終於走入歷史。這
項從 2001 年開始實施的測驗，打著「中間偏易」的大旗，用四選一的
單選題主宰了十幾年來的高中選才和國中教學，其影響有待深究。但
是在深究之前，先來看看基測對國中幾何教學的傷害，可以說是慘不
忍睹。

　　本來幾何教學的目標是：第一、培養空間感；第二、培養推理證
明的能力。如果幾何教學只是背誦定理而不進行證明，例如：老師在
課堂上告訴學生，三角形三中線交於一點，此點稱為「重心」，卻不說
明為何如此，那不如不學。但是因為基測只考單選題，在教學現場的
老師逐漸放棄了對證明能力的要求。

　　下面舉兩個當下在國中段考如何考幾何證明的實例，來看看幾何
教學的異化：

例 1.

如圖 1–4–1，梯形 $ABCD$ 中，對角線交於 O 點，如果你要證明 $\triangle AOD$ 和 $\triangle BOC$ 的面積相等，下面哪一個敘述是這兩個三角形面積相等的原因？

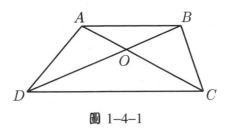

圖 1–4–1

(A) $\triangle AOD$ 和 $\triangle BOC$ 全等

(B) $\triangle AOD$ 和 $\triangle BOC$ 相似

(C) $\triangle ADC$ 和 $\triangle BDC$ 面積相等，並且各自扣掉 $\triangle DOC$ 之後面積仍然相等

(D) $\angle AOD = \angle BOC$

　　答案當然選(C)，因為用排除法可以排去(A)、(B)，然後在(C)、(D)中挑一個說話說得多一點的選項。

例 2.

如圖 1–4–2，如果要證明圓心角 AOB 是圓周角 APB 的兩倍，則在圖 1–4–3 中，哪一條直線是正確的輔助線？請選出正確的選項。

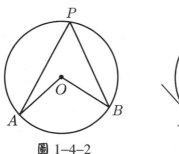 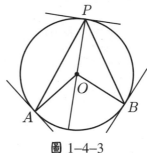

圖 1-4-2　　　　　　　圖 1-4-3

(A)過 P 點的切線

(B)過 A 點的切線

(C)過 B 點的切線

(D)過 $\overline{OP}$ 的直徑

　　答案選(D)，因為三條切線地位平等，既然是單選題，好歹選一個「與眾不同」的選項。

　　有一些習慣和稀泥的人會出來打圓場說：能夠猜出答案也是一種能力。這話說得好，日常生活中當然會碰到要靠「猜」來解決問題，但是大自然總不會先提出四個可能來請你猜吧？而且「猜」無論如何只是「大膽假設」之第一步，後續「小心求證」呢？誰再來提供選項給你繼續猜呢？

　　就以第一題來說好了，為什麼不能改成過去的考法？

例 3.

如圖 1-4-1，在梯形 $ABCD$ 中，對角線交於 O，請問㈠ $\triangle AOD$ 和 $\triangle BOC$ 的面積是否相等？㈡請對㈠的答案說明你的理由。

　　就在 2013 年，教育部舉辦了一次因應十二年國教新上路的模擬會考， 數學科出了一題類似上述例 3. 的考題， 結果大部分考生沒有作答，主要的原因是「非單選題」。事已至此，我要問數學老師、數學教授，以及所有還認為數學應該是重要學科的人，你們為什麼不生氣？

　　2001 年第一屆基測的考生現在已經三十多歲了， 一個國家從 15 歲到 30 歲的世代大部分不知數學證明為何物，尤其是不知道為何理解定理需要經過證明，更對定理之確立毫無追求證明的動機。而上一個世代的長輩卻頻頻抱怨年輕世代毫無競爭力，這樣的世代不正是我們集體造就出來的嗎？

　　還是基測惹的禍？

——原載於《科學人》2013 年 7 月號——

05 考試壓死資優教育

資優教育應該著重思想的啟迪,而非考試導向的機械化練習。

　　資優教育可分成兩條路線,第一條路線大抵是世界上先進國家採取的路線,即對優秀的中學生給予無限制向上衝刺的輔導。在這些國家裡,16 歲的高一生學微積分是稀鬆平常的事,接著就可以學大一的普通物理。這其中並沒有什麼揠苗助長的問題,以微積分來深刻思考物理,又以物理的應用來豐富微積分,本是相得益彰的美事。

　　正如愛因斯坦在〈自述〉中所言:

　　　　在 12～16 歲的時候,我熟悉了基礎數學,包括微積分原理……當我 17 歲那年進入蘇黎世聯邦理工學院修習數學和物理學時,我已經學過一些理論物理學了。

　　　　　　　　　　　　(收錄於《愛因斯坦:哲學家─科學家》一書)

　　資優教育的第二條路線姑且稱之為臺灣路線。在這樣的國家裡,資優教育和升學掛鉤,特徵是盡量扁平化所學,讓學生盡量在已經會的題材上多做難題、提升解題速度、強調迅速反應,優秀的學生幾乎沒有向上發展的可能。

　　有時，當然也是為了推甄入學可以加分，臺灣的資優教育會鼓勵學生去參加師長介入甚深的科展，或是參加各式各樣的競賽。為了參加競賽，最佳的策略仍然是多做考古題。

　　這兩條路線的最大差異在於前者著重思想的啟迪，而後者把學習變為一種考試導向的機械化練習。

　　筆者由於長期接觸資優教育領域，也多次評鑑資優教育，下文就以筆者所專長的幾何學來進一步說明當下的臺灣路線。

　　要讓中學生建立空間直觀和練習嚴謹的推理，幾何學是一個再恰當不過的題材。但是只要把一些核心的議題和中心思想好好學會了，就應該走向三角幾何學，亦即以正、餘弦律為大要的進階幾何，然後再由此進入向量／坐標幾何。總的來說，幾何學在資優教育中用四個學期，亦即在國中畢業時便可完成。但是現在要拖到高二下，足足延遲了兩年。而同時，優秀的國中生為了參加明星高中的特色招生，還必須要做許多幾何難題。

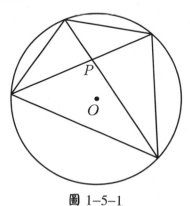

圖 1–5–1

　　臺北市某所明星高中招考資優生　，就曾經出過如圖 1–5–1 的題目：有一個圓內接四邊形，圓心為 O，四邊形的對角線交於 P，並且將四邊形分成四個小三角形。再將這四個小三角形的外心又連成一個新的四邊形，求證 O 點以及兩個四邊形各自對角線的交點，此三點共線。

　　這類題目，前不巴村後不巴店，會也好、不會也好，與成為數學家或好的數學老師毫無關係。至於到底有沒有學到或掌握幾何學的精髓，卻沒人在乎。

　　為了推廣資優教育，教育部要求明星高中發展特色課程，但是在沒有扎實的幾何基礎（非解難題之謂也）和微積分基礎之下，特色課程很難發展。舉例而言，若要開一門非歐幾何的課，如果不懂微積分，就只能瑣碎、皮毛地學，如此一來，品味搞得很差，還不如不學。

　　學校的資優教育老師也很無奈，因為家長在意升學。無奈之餘，也暗中高興，只要學生去買難一點的參考書多做難題，反正老師口袋中有出版社提供的解答。

　　現在看來，升學考試有如古代的科舉制度，真的是扼殺了學生的創意。要知道明、清兩代出了五萬名進士，但是真正的人才卻寥寥可數。如果教育部不讓資優教育與升學主義脫鉤，目前的選才方式也只是科舉制度的複製而已。

——原載於《科學人》2014 年 4 月號——

06 不願自學者，
不能入此門

資優教育的重點不在於教材，而是培養學生自學的
能力。

在一次國中資優數學教育的研習場合，我向參加的數學老師表達
了我的看法：

> 眾所周知，資優教育沒有教材。因此許多老師為了滿足
> 資優生的求知慾，只好要他們多做參考書上的題目，我覺得
> 這是下策。上策還是應該讓他們快速而扎實地完成國中課程，
> 例如在七、八年級好好讀完國中數學，然後在九年級的時候，
> 一方面將幾何的學習延伸到三角和向量／坐標幾何，另一方
> 面開始學微積分。

與會的老師除了對九年級學微積分有些疑慮，多半贊成我的看法。
我想藉此機會，進一步說明為什麼這麼主張。

現行的國中數學，除了少數的統計常識，主要的內容是幾何與代
數。代數這部分相對容易也很單純，其實就是解方程式，從一元一次、

二元一次聯立，乃至於一元二次方程式。至於（平面）幾何，它的重要性無庸置疑。在國中這個階段，幾何的學習一方面要培養空間直觀，另一方面要學習嚴謹的推理，到了高中數學的三角及坐標幾何，都要仰仗國中階段的幾何學習。我因此主張對資優生而言，可以將八年級的幾何提前到七年級教。

在十七世紀後半，牛頓和萊布尼茲發明微積分之前，上述的代數和幾何早在西方發展成熟，微積分的出現固然是為了處理曲形曲體的幾何性質及運動學，但是微積分也可以更深入解決許多在高中碰到的幾何或代數問題，例如：微積分可以回答一個實係數多項式在 $a < x < b$ 的範圍中，究竟有幾個實根；微積分也可以解決高中所有求極大極小值的問題、證明算幾不等式，還可以證明錐體和球體的體積公式、球面和橢圓的面積公式。

更何況，現在高三自然組本來就要學微積分，高三的微積分教材對九年級的資優生來說，應該不是問題。更重要的是，一旦學了微積分，必定大開眼界，後續可以研習的材料大大增加，例如普通物理、力學和電磁學等。

我想暫時岔開，談談上個世紀最偉大的人物愛因斯坦。

愛因斯坦 70 歲的時候在論文集《愛因斯坦：哲學家－科學家》發表了一篇自述，談到他青少年時期的一些經歷：

　　在 12 歲時……，我得到一本關於歐幾里得平面幾何的小書……，這本書裡有許多斷言，比如，三角形的三個高交於一點。它們本身雖然並不是顯而易見的，但是可以很可靠地加以證明……。我記得在這本神聖的幾何學小書到我手中

之前，有位叔叔曾經告訴過我畢氏定理。經過艱鉅的努力，我根據三角形的相似性成功證明了這條定理。

在 12～16 歲的時候，我熟悉了基礎數學，包括微積分原理。……當我 17 歲那年進入蘇黎世聯邦理工學院修習數學和物理學時，我已經學過一些理論物理學了。

的確，微積分可以幫助我們理解單擺的週期和擺長的關係、簡諧運動的週期和振子質量的關係、行星橢圓軌道和重力的關係，乃至於電磁學和相對論，作為理論物理中因果關係的聯繫，微積分是最重要的數學工具。

愛因斯坦這位一生都處於自學狀態的人物，學校只提供他思考的環境，他所有的創意均來自深沉的思考與閱讀，而非學校提供的任何課程。

所以，我告訴資優班的老師們，我們應該早點幫助這些資優生準備必要的數學工具，目的不必是期望他們以數學為職志，而是能夠透過數學去理解世界，包括能夠分析任何一個理論中演繹和歸納思維的互動，並如何相輔相成。在這樣的輔導過程裡，最重要的是培養資優生能夠自學。老師的職責應該是在每一個學習階段檢測資優生是否有自學的動機和自學的能力，當然在自學過程中發生困難的時候，老師應該提供適當的幫助，或是到大學的科教及特教中心尋求支援，千萬不要隨便拿本參考書塞到他的嘴裡。

仿柏拉圖對幾何的推崇，我們要對資優生說：「不願自學者，不能入此門。」

——原載於《科學人》2012 年 4 月號——

07 教學怎能相沿成習？

中學教師放棄了大學教育提供的制高點，安於傳統的教學方法。

　　我任教的大學設有師資培育中心，負責培養中學教師。多年來我一直為該中心開設一門「數學教材教法」，該校學生畢業之後，如果想當數學專任教師，就必須先修這門課。由於我曾經參與中學數學課綱的編定，開立數學教材教法本是得心應手，只是近年逐漸發現，修這門課的同學對我所教的內容多半不太在意，為什麼呢？

　　一個基本的原因是許多學生覺得他們讀過中學，並且當時在中學應試都很順利，他們總想，只要考上專任教師，就一定可以照本宣科複製自己以前的學習經驗，對我所提出的種種教學建議多半不想一顧。就以我在課堂上討論的幾個案例，來說明修課同學的狀況：

　　第一個案例：如何求 $\sin 15°$？所有學生用的方法都是倍角公式：$\cos 30° = 1 - 2\sin^2 15°$，整理後再開方。

$$\sin 15° = \sqrt{\frac{2-\sqrt{3}}{4}}$$

　　這其實很麻煩，因為要對帶根號的式子再開根號不太容易，可預料大部分高中生就是把答案背下來。我告訴修這門課的同學，為什麼不利用差角公式？

$$\sin 15° = \sin(45° - 30°)$$
$$= \sin 45° \cos 30° - \cos 45° \sin 30°$$
$$= \frac{\sqrt{6} - \sqrt{2}}{4}$$

這是一個在高中常見以繁就簡的教學例子；高中還有許多繁瑣的教法，我在課堂都一一指出，但似乎沒有效果，因為學生只願意使用當年他們老師所教的方法。

另一個案例：如何求 $\sin 1°$？

在高中教三角學，傳統上都是只教幾個特別角的函數值，例如 $\sin 30°$、$\sin 45°$、$\sin 60°$。但 $\sin$ 是一個函數，難道你不想讓學生知道 $\sin$ 函數的圖形？或者，不帶著學生去看課本附錄的三角函數表嗎？我敢打賭，幾乎沒有一位老師會帶學生看三角函數表及其所展現的規律。但是，如果不這麼做，學生如何理解 $\sin$ 函數的圖形？

第三個案例更讓修這門課的同學招架不住。如果在高中教三角學，一定會教正弦定理和餘弦定理，請問在三角學的範疇裡還有其他定理嗎？

當然，在解三角形的邊角關係時，這兩個定理就夠了，但是就三角學的內在結構來看，難道沒有其他的可能性嗎？透過這個問題，可以了解大家都不願意去思考。因為這已經提升到大學層次，即在修完整個向量代數後，對平面幾何和三角幾何進行總回顧。我們必須從向量代數反思，才能掌握三角幾何的定位。在這裡，同學已然與大學教育脫鉤了。

　　每次開這門課，在第一堂我總會請同學閱讀克萊恩 (Felix Klein) 的一小段講稿：

　　　　近年來，在大學數學教師……長期以來，大學裡的人只關心他們的科學本身，從來不想一想中學的要求，甚至不考慮與中學數學的銜接。結果如何呢？大學新生一入學，他們面對的問題好像與中學學過的東西一點也沒有關聯。當然，他們很快就忘記了中學階段學習過的東西。但是，他們畢業後擔任教師，又突然發現他們必須按中學教師的教學方法，來教授傳統的初等數學。由於缺乏指導，他們很快就墜入相沿成習的教法，而他們所受的大學訓練，則至多成為一種愉快的回憶，對他們的教學毫無影響。

　　這是十九世紀末德國哥廷根大學的數學系首席教授克萊恩對參加研習班中學教師所說的話。研習的教材後來集結成一本書《高觀點下的初等數學》。此處所謂初等數學指的是中學數學，而高觀點就是大學數學系的學習內容。克萊恩是 100 多年前的人，他所說的話至今仍深具啟發。這段談話最後說到大學訓練對中學教師空留回憶，對他們在中學的教學毫無影響。100 多年後的今天，似乎仍然如此，因為中學教師安於相沿成習的教法，放棄了大學教育提供的制高點。

　　　　　　　　　　　　　　——原載於《科學人》2016 年 9 月號——

08 大一可以不分系嗎？

採行大一不分系，讓學生先了解自己的志向，再來
選擇適合的科系。

　　2014 年 4 月 8 日，我應邀在中央大學演講，講題是「談十二年國
教大學端的責任」。我在演講中主張建立大學一年級不分系的制度，以
解決高中進入大學的招生方式爭議；我相信如此做，還可以改進目前
大一學生普遍學習動力不足的現象。

　　先說兩個親身體驗的例子。我在 1978 年回母系臺灣大學數學系任
教時，班上有一位大四學生 A 君，重修大三代數。A 君告訴我，他大
一考進數學系之後，發現興趣在哲學，因此經常翹課到哲學系旁聽，
結果微積分當掉了。升大二時，他申請轉哲學系，沒想到哲學系拒絕。
於是他求見哲學系主任，主任說，你微積分不及格，我們不能收你。
A 君一聽，顧不得禮貌便對主任說，你們哲學系又不修微積分，你是
不是管太多？主任一聽，也顧不得禮貌對 A 君說，就憑你這種態度，
本系絕不收你。

　　第二個例子是我自己。我在 1967 年進入臺大化學工程學系，入學
後不到兩個月就想轉到理學院去，這不是能力的問題而是個性。我喜

歡做深沉的思考，不喜歡動手，尤其不喜歡做實驗。因為這樣，我經常逃避每星期各三小時的化學和物理實驗，第一學期結束，兩門課幾乎雙雙當掉。

另一門惱人的課是工程圖學，每星期要製一張圖。當時無電腦，完全憑手工，還要上墨。順順利利畫一張圖要四小時，如果上墨「突槌」，重畫是家常便飯。我經常每星期會有一天從晚上 8 點畫到隔天清晨 6 點。更可怕的是，大二還有一學年的工程圖學。於是我決定「落跑」，而唯一有把握的就是轉到數學系。

大概在大一下的 3 月初，我下定決心要轉去數學系。我狂熱投入數學，加速讀完微積分。開始唸大二的高等微積分、唸集合論，唸一切我覺得要當一位數學家該唸的書。更要命的事接踵而至，我的化學和物理實驗真的完了；我同時去找圖學老師，說一學期原本要交 15 張圖，我只交得出 9 張，您能否可憐我，給我 60 分？

還好，數學系是寬厚的，他們說，只要求考一門微積分，便不咎既往。最後，我「考進」了數學系。

多年後 A 君告訴我轉系不成時，我心裡難過的不得了，比起 A 君，我真是太幸運了。

回到正題，不論是現在或以前的高中生，要在高中時就了解自己的志向、興趣和能力，恐怕很困難。一方面是因為年紀還小，見識較少，另一個更重要的原因是高中時期都處在淺碟學習的狀態，重視重複練習、快速解題，反而缺乏思辨的訓練。即使某一科常得高分，也未必是真正有興趣。

　　大體來說，就業狀況好的系比較能吸引好的高中生，但這種系招收的學生人數有限。而數學系是另一種狀況，學生在高中時以為自己對解題有興趣，進來以後才發現與所想的完全不一樣。數學系相當重視對數學議題要有結構有組織的學習，比方說線性代數這門課，根本不會要求解方程式（組），而是探討方程式（組）在向量空間和線性變換下的意義。許多人一進數學系就踢到鐵板，思想上無法調整，結果讀不下去又轉不出去，這其實非常不人道。

　　大學的課本和高中有天壤之別，更何況很多高中老師不用課本，搞得許多大一學生拿到課本，根本不知道該怎麼讀。如果不分系，大一學生在升上大二時若想進入某一主修，大一就必須好好完成該主修的要求，例如好好修微積分和普通物理，以準備進入某一工科。

　　其實我最想問的是，大家費盡心思設計大學入學方式，到底是為誰好？大學學測成績 PR 1% 和 PR 5%，甚至是 10% 的學生有差別嗎？我的高中同學，讀臺清交成與私立大學的都有，50 年後看來，成就和見識類似。反過來想，我們為什麼不取消大一的分系制度，讓學生自主自在地學習？教改的目的，不是應該先解除加諸在學生身心的各種束縛嗎？

—— 原載於《科學人》2017 年 5 月號 ——

09 實測是幾何的基礎

不論幾何是用來測地、還是測天，都不能憑空想像。

　　幾何一詞，英文是 geometry，字首 geo 代表大地，metry 代表測量，合在一起，意思是測地之術。但是幾何也源自測天，測天之中首要的任務，就是定出一年裡最重要的春分、夏至、秋分和冬至四個節氣。

　　這四個節氣代表了地球在公轉軌道上四個特殊的位置，例如夏至這一天太陽直射北回歸線（北緯 23.5°），白晝最長；冬至這一天太陽直射南回歸線（南緯 23.5°），白晝最短。在兩至之間，太陽直射赤道，一次是春分，一次是秋分；從春分到秋分隔了 186 天，但是從秋分回到春分，間隔只有 179 天，原因是地球在公轉軌道上快慢不一。

　　以上所論，是近代天文學的觀點，但是在古代並無地球公轉的概念，當時的天文學家如何確定兩至和兩分的日子？

　　中國最古老的算書《周髀》（約成書於西元前一世紀）詳細說明了定節氣的辦法。古人先在地面立下一根高約八尺的竿子，稱為「表」，然後記錄每天正午的時候，太陽照射竿子的影長，稱為（正）晷。從地球來看，太陽在北回歸線和南回歸線之間擺動，因此表影的長度在

夏至的時候最短，冬至的時候最長。《周髀》的記錄說「冬至晷長一丈三尺五寸，夏至晷長一尺六寸」，因此一年之中表影隨著太陽的位置在 1.6 尺和 13.5 尺之間來回移動。

　　夏至表影最短，冬至表影最長，所以非常容易辨識。麻煩的是定春秋分的日子，那天的表影應該有多長？《周髀》的說法是：春秋分時的影長都是七尺五寸五分（7.55 尺）。這個數字剛好是冬夏至影長 13.5 尺和 1.6 的平均，顯然《周髀》認為春秋分的時候，正午日照的表影恰在冬夏至表影的中點。但是這個說法顯然不符實情。

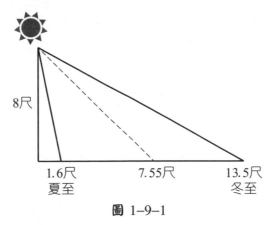

圖 1–9–1

　　因為春秋分在古代是以「晝夜均分」的這一天來定的，現代我們知道晝夜均分的原因是太陽直射赤道，此時太陽光線和表的夾角恰好就是觀測點的緯度。如《周髀》所言，觀測點應該是在周朝的皇城西安，西安位居北緯 34°，所以春秋分時的日光與表的夾角是 34°。從秋分到冬至日光要偏南 23.5°，而由春分回到夏至，日光還要再偏北 23.5°。因此在冬夏至和春秋分時，太陽光的方向之間有圖 1–9–2 的關係。

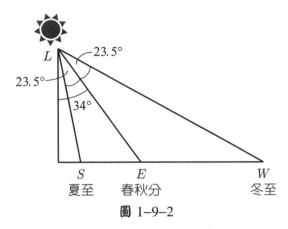

圖 1–9–2

由此即可明顯看出，$\overline{LE}$ 是 $\angle SLW$ 的分角線，有 $\overline{SE}:\overline{EW}=\overline{LS}:$ $\overline{LW}$ 的比例關係。E 並非 $\overline{SW}$ 的中點，實際上 E 點反而比較靠近夏至點 S。

歷史上首先指出《周髀》錯誤的，是唐朝的天文數學家李淳風（西元 602～670），李淳風與算學博士梁述、太學助教王真儒等人奉敕編纂並注釋算經十書，《周髀》為十書之首。李淳風在注中對《周髀》以夏至冬至表影的中點標定春秋分不符實測的情形，進行了批判。時至今日，回想《周髀》與李淳風的時代，連地球是一個球形都不清楚，可說是資訊匱乏、判斷無門，然而天文數學家如李淳風者鍥而不舍，在極度簡陋的環境下承先啟後、精益求精，所秉持的其實就是科學的核心價值──求真必須基於求實。

──原載於《科學人》2008 年 6 月號──

10 中國天文學首度西化

徐光啟深知西法之密,編制新曆時全用西法,未及
百年,中國之天文學盡西化矣。

明末徐光啟獲利瑪竇之助在 1607 年翻譯《原本》前 6 卷為《幾何原本》,這 6 卷的內容目前大致是國中的平面幾何教材。有人認為徐、利兩人未能把《原本》13 卷全譯是一缺憾,不過其實未必如此,原因有二:

第一,《原本》的 7、8、9、10 卷主要講基本數論,與幾何無關。11、12、13 卷則是立體幾何,處理方式非常蕪雜,幾乎無法應用,後來發展的三角和向量／坐標幾何才是探討立體幾何的恰當工具。

第二,此前 6 卷真的是千錘百鍊,一方面培養學習者的幾何直觀和推理能力,另一方面又為走向三角幾何、向量／坐標幾何建立堅實的基礎。

一般認為,徐光啟的貢獻至少有三項,首先當然是翻譯《幾何原本》,其次是為了鞏固邊防,主張透過葡萄牙人購買大砲,再者則是把福建人從菲律賓引入的番薯推廣到全國。其實徐光啟至少還做了兩件大事,一是編制《崇禎曆書》,這本完全植基於西方天文學觀點和方法

的曆書，到了清朝改名《時憲曆》，一直沿用到清亡。二是信奉天主教，徐光啟不但是當時地位最高的中國奉教者，也是天主教的捍衛者，他帶領徐氏家族 200 餘人受洗，所住的上海徐家匯成為天主教的傳教中心。

本來明朝使用的《大統曆》是沿用元朝在 1281 年啟用的《授時曆》，到了崇禎皇帝即位（1627 年）已用了 346 年，誤差越來越大。崇禎於是在 1629 年同意由徐光啟成立曆局、編制新曆《崇禎曆書》。

徐光啟成立曆局，一開始就打算全用西法。他找了四位耶穌會傳教士：龍華民、羅亞谷、鄧玉函、湯若望，都是天文、數學家，精通托勒密天文計算，通曉平面幾何、三角和球面幾何。徐光啟雖然不是天文學家，但是因為昔日與利瑪竇共事，而深知西法之密。在《崇禎曆書》中，出現了三角函數、三角函數表、正弦定理、球面正弦定理，以及平面、球面幾何。這對中國天文學家而言，無異全盤西化。但當時的中國天文學家對平面幾何尚且不知，又如何接受這般進階的數學工具？

此書編成後，立即遭到朝廷保守天文學家抵制，因此遲至 1643年，崇禎才下令頒行。這期間，據明史所載，發生過八次中西天文學的較量，包含預測日、月食及行星的運動，都是由《崇禎曆書》勝出。然而因為 1644 年明亡，未及實施，反而在清兵入關後，由湯若望把此曆獻給清朝。

至於徐光啟為何毫不猶豫在天文上盡用西法，甚至一再提到多祿某（托勒密）、歌白泥（哥白尼）、第谷及其門人的思想？這類西洋的人物、思想、方法、技術與當時的中國相去甚遠，即使後來清朝引入

時都要戴上「中學為體，西學為用」的大帽子。但是徐光啟從未在體用之間躊躇，最重要的原因：他是虔誠的天主教徒。他對西學的接觸，最早是透過利瑪竇。在此，不得不談到耶穌會教士利瑪竇，他來中國，歷經 18 年才得以進入北京（1601 年），此時他已經全然理解中華文化，最重要的是，他完全明白儒家思想在中華文化中的地位。他提倡所謂的利瑪竇規矩，對中國人的敬天法祖，採取寬容態度，認為並不違背「欽崇一天主在萬有之上」，對節日中的祭祖儀式、拿香膜拜，均視為聖教的一環。

正因為利瑪竇的睿智，乃使徐光啟在 1603 年虛心奉教、終生不渝。徐光啟臨終的時候，請神父為他行了終傅禮，他說：「我非常高興，已經準備好去見上帝了。」這正是他早年親近天主教時亟欲參透的生死大事，他認為，這是孔孟之道未能盡言之處。

一位傳統的中國士人，例如徐光啟，若是因理智毫無保留而奉教天主，當然可能在治曆上盡用西法。雖然很多人不同意奉教與盡用西法的關聯，但至少我們有了一部與過去完全不同的曆書，是歐洲天文體系第一次引入，這都要歸功徐光啟的主導、組織和鞠躬盡瘁。徐光啟在 1633 年病逝，1634 年 11 月此書編成，後來落入大清，未及百年，中國之天文學盡西化矣。

——原載於《科學人》2017 年 1 月號——

11 第一堂微積分？！

毫無重點的教學內容，即使邏輯正確，只會徒增學生困惑。

1967 年我進大一，第一天上微積分，T 老師就讓所有的同學頭破血流。

我們那一屆在高中時不曾學過集合，因此 T 覺得應該先教一點集合。想像起來，集合就是一個箱子，箱子裡面的東西稱為元素。如果元素 a 屬於集合 A，就記成 $a \in A$。

T 又解釋，集合 B 是集合 A 的子集，定義是：如果 $b \in B$，則 $b \in A$。亦即 B 箱中的玩具，每一件都出現在 A 箱中。T 接著說明什麼是空集合：空集合就是不含任何元素的集合。對我而言，空集合就是一個空箱子。

到此為止，一切還算順利。誰知 T 突然拋出一個題目：

求證：空集合是任意集合的子集。

T 看了全班一眼，說：「請 1 號同學回答。」1 號是我，我站起來，腦中飄過自己建構的圖樣：

B 🎁 是 A 🎁🎁 的子集

B 中的一毛在 A 中,但是 A 中的二毛不一定要在 B 中。然後是:空集合 ⬜ 是 A ⬜ 的子集。

照說,我應該要證明空集合中的任何元素都出現在 A 中,所以必須先假設 a 屬於空集合,然後看看能不能證明 a 也屬於 A。可是我又如何假設 a 出現在一個空箱子中呢?我靈光一閃,回答 T:「假設空集合中有一個元素叫做『沒有』……」我得意極了,因為 A 箱子中當然也有「沒有」。可是 T 說:「空集合中什麼都沒有,因此你不能假設其中有一個元素叫『沒有』。」

⬜ 空集合

我說不下去了,就回答:「我的說法不通,我放棄。」T 於是叫 2 號,2 號放棄;叫 3 號,3 號也放棄。T 很得意地宣布答案:「我們想證明空集合是任意集合 A 的子集。如果這個敘述不對,就相當於空集合中有一個元素不出現在 A 中,但由於空集合中什麼元素也沒有,所以這個元素不會存在。因此原敘述成立:空集合是任意集合的子集。」

班上一片沉默,大多數同學的反應是:這是數學嗎?第二節課,T 解釋交集。交集就是指一些集合的共同元素,例如集合 A 和 B 的交集 $A \cap B$,就是 A 和 B 的共同元素。T 又引入了一個符號,如果 F 代表一組集合,亦即 $F = \{A, B, \cdots\}$ 是一組集合,則 $\bigcap_F$ 就代表 F 中所有集合的共同交集。講完,T 又拋出一個題目:

如果 F 是一個空組,亦即 F 中一個集合都沒有

$F = \{\ \}$,則 $\bigcap_F = $ 宇宙

這是什麼意思？$\bigcap_F$ 是指求取 F 中各個集合的共同元素，F 中總要有集合，就像剛才舉的例子：如果 $F = \{A, B\}$，則 $\bigcap_F = A \cap B$。現在，F 中一個集合也沒有，但 $\bigcap_F$ 卻是宇宙的全體。這是怎麼回事？

T 說：「如果 $\bigcap_F =$ 宇宙這個敘述不對，亦即宇宙中有一個元素 a 不屬於 $\bigcap_F$，那就代表 F 中有一個集合不含有 a，但是因為 F 是空的，所以這個不含 a 的集合找不到。因此原敘述是對的，亦即 $\bigcap_F =$ 宇宙。」

這是當年臺灣大學化工系第一天上微積分的震撼教育。同學的反應多半是沮喪和不解——這是數學嗎？還是耍嘴皮子？40 年後化工系的重聚中，大家談起了當天的困惑。

「我非常惶恐，以為以後每一天的數學課都是這樣。」

「我很生氣，因為數學絕對不應該是這個樣子，T 說的都是垃圾。」

「我還好，因為暑假自修了一些微積分，知道微積分不會談論這些有的沒的。倒是你，化工系錄取分數最高的人，升大二時卻轉到數學系，為什麼？」同學問我。

「我會轉系和這一天的經驗無關，T 當天教的只是邏輯上的廢話。主要是在那個時代，大部分的時候我們都是處於自學，充滿了困惑和挫折。數學之於我，是困惑和挫折最少的學科，我之所以轉系，是想尋求心情上的平靜，和 T 無關。」

——原載於《科學人》2014 年 8 月號——

12 《一個數學家的嘆息》讀後

　　《一個數學家的嘆息》一書的作者 Paul Lockhart（簡稱 L）是一個怪咖。他本來在美國布朗大學數學系任教，西元 2000 年，L 突然決定離職，自我「下放」到中小學去當老師。L 去的這間學校是紐約市布魯克林區的 Saint Ann's school，該校的學生從幼兒園到高三都有，L 在這裡什麼年級都教。

　　促成 L 下放的原因，照 L 自己的說法是因為第一：L 覺得大學很腐敗，已經不是探討學術的園地，而淪為爭名逐利的地方。第二：L 不想再教大學生，因為從中學上來，這些學生的數學已經毀了，他們再也不能欣賞數學的真與美。

　　原來 L 認為數學，正如音樂或美術，是一種藝術，並且是藝術最純粹的形式 (the purest form of arts)。在《一個數學家的嘆息》這本書一開始，L 虛擬了一個音樂家從惡夢中醒來，他原本是為了音樂的真與美去學彈琴，但是在音樂教育的過程裡，卻被各式各樣的符號和格式弄得倒盡了胃口。

　　L 又以美術教育為例來批判數學；他說在一個美術課中，老師一定會根據學生的特質個別指導，對學生的繪畫提供差異性的建議。並且，幾乎每一位美術老師都讀過藝術史，洞悉這門藝術近三百年的發展。但是誰都知道數學老師無論在差異性指導和對數學史的理解都不及格。

　　從藝術的角度審視數學的本質，真與美，或是檢驗數學教育的缺失——忽略學習者的想像力和差異性，對我而言，有如晴天霹靂，覺得非常慚愧。

　　長久以來，數學老師必須面對學習方的質疑，到底學數學有什麼用？數學老師也竭盡所能解釋數學是多麼有用。但是由於科技的進步，基礎數學的用處全都隱藏在高科技的底層，表面上完全看不到。例如：三角函數之用於測量，完全被雷射測距儀取代，高中教材中所有有關測量的題目都變得十分勉強，因為與現實生活脫節。

　　關於這一點，L 如何回應呢？L 認為：

　　　一件事物如果有實際上的用途，並不表示它的本質就是如此。音樂可以鼓舞軍人上戰場，但這不是音樂的本質，米開朗基羅為教堂裝飾，但他心中其實有更崇高的目的。數學應該被當作藝術來教，世俗所謂的「有用」，是真與美自然引發的副產品。貝多芬當然能寫出漂亮的廣告配樂，但是他學習音樂的動機當然是為了創造美好的事物。

　　對於數學的真與美，L 舉了兩個例子。

　　第一個是圖 1-12-1：

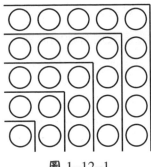

圖 1–12–1

我 們 看 到 $1+3=2^2$， $1+3+5=3^2$， $1+3+5+7=4^2$，$1+3+5+7+9=5^2$，這個圖告訴我們，連續奇數相加會得到一個平方數，圖形所展示的是平方數如何分解，這是平方數的本質，而圖示的說明則用了最美的方式。

第二個是證明兩直線相交，對頂角相等：

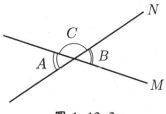

圖 1–12–2

圖中有 M, N 兩條直線，傳統的證法是看出 $A+C=180°$，並且$B+C=180°$，所以 $A=B$，但是 L 認為 A 是 M 和 N 而 B 是 N 和 M的夾角，這兩個角之相等是「天作之合」，是 M 和 N 相交的本質，其正確性有如 $3+5=5+3$，是左右對稱，也是上下對稱。

幾乎所有的人都想問 L：你為什麼不早點告訴我，數學這麼好玩？這麼有趣？L 的回答應該是：首先，當你還是一個很小、很小的小孩

子，當你嘗試用手指頭計算每天吃的糖果時，你就是一個 L 心中的數學家——嘗試用數學來探索周遭有趣的問題。但是，當你掉到了一些「數學老師」所佈下的天羅地網時，數學的真與美漸漸流失，你必須背誦

$$x = \frac{-b \pm \sqrt{b^2 - 4ac}}{2a}$$

以及它的變體

$$x = \frac{-\frac{b}{2} \pm \sqrt{(\frac{b}{2})^2 - ac}}{a}$$

但是卻不知道這麼難看的公式是從何而來。你要怪誰？你的數學老師可能像你一樣，從來不曾領悟過數學的真與美。並且，在一種武斷而壓制的教學中，老師們僅有的「善」也喪失了，於是，他會說「你怎麼這麼笨，連 $\log 2 \approx 0.3010$ 都不會？」但是，老師，你可以告訴我為什麼 $10^{0.3010} \approx 2$ 嗎？因為無知而失去了真，因為庸俗而失去了美，又因為專斷而失去了善，這就是現在數學教育的現場。

　　我因此推薦《嘆息》給選我「數學思想通識課」的同學，一位文組的同學讀後寫了份感想，我轉載一些與大家分享：

　　　　我非常討厭數學，討厭到甚至是只要一講到「數學」兩個字，就會開始掉眼淚。但是這本書，卻讓我能敞開心房，去接受數學。原來，三角形面積公式：底乘以高除以二，竟然只是這麼簡單的概念；原來，半圓裡的三角形，它的頂點無論在圓周的哪裡，都是直角，也是如此易懂的概念！以前我看到那些證明、公式，總認為他們是妖魔鬼怪，原來他們也可以這麼純粹、充滿創意！

　　這本書，可以說是數學教育的烏托邦。雖然我也知道，這套教育理念要實現，可能真的有它的難度存在。但是我仍希望，這樣的想法能夠在臺灣的教育界流行，讓數學老師發現僵化的數學教育並不可行。目前的方法——背誦大量公式、作大量困難的習題，只會讓學生更討厭數學、更不願意敞開心胸去接納數學。若老師能重視帶領學生思考問題的過程，才可能引發學生學習的興趣。

　　其實閱讀這本書，是讓人難過的。因為想到自己的青春歲月，就這樣因為不適合的教育方式，而無法好好的發揮自己的想法、無法盡情揮灑創意。把數學變成只是冷冰冰而死板的公式。最終，無法在這樣體制下存活的腦袋，只能選擇關機、放棄。原本，在高中畢業之後，我就發誓這輩子再也不和數學產生任何瓜葛。但是在閱讀完這本書後，我改觀了！數學應該是一個好玩的遊戲，作數學不需要上課或讀書，只需要充滿想像力，對世界充滿好奇心。未來，我想我會重新面對數學，不會再認為數學差是因為自己太笨了！

親愛的讀者：這位同學並沒有誇大其辭——數學教育真是積重難返，苦海無邊啊！

——原載於《數學傳播》2015 年 39 卷 1 期——

延伸閱讀

1. 這才是數學：從不知道到想知道的探索之旅 (*Measurement*)，保羅 · 拉克哈特 (Paul Lockhart) 著，畢馨云譯，經濟新潮社。

2. W. Schmidt, Book Review：*A Mathematician's Lament*, Notices of the AMS, April 2013, 461–462.

篇 2
中學數學

01 從代數到算術——獻給國中小的老師

　　我的老師項武義先生告訴我一件往事。他出生於抗戰之始，童年在山裡躲日本人，直到抗戰勝利，才輾轉遷至上海。12 歲左右到上海一間初中寄讀。有一天在圖書館中發現一本講義，題為〈從代數到算術〉。大凡學算的程序都是從算術到代數，因此這本反其道而行的小書立刻就引起他的注意。當然武義師很快掌握了書中的要旨。原來，這本書是說明如果一個題目可以用代數解題，那麼，如何還原成只用算術解題呢？武義師告訴我當時書中所言，只要將代數式逐步展開，展開時保留數據的關係而不求出結果，直到最後再將變數留在符號一邊，然後觀察另一邊的式子，就可以得出算術的解法。以下舉幾個例子來說明如何從代數到算術。

例 1.

雞和兔共 15 頭，雞腳加兔腳共 38 隻，求雞、兔的頭數？

令 X 為兔的頭數，則有

$$4X + 2(15 - X) = 38$$

$$4X + 2 \times 15 - 2X = 38$$

$$(4-2)X = 38 - 2 \times 15$$

從上式可以解讀算術的方法。2×15 表示全部想成是雞，那麼腳只有 $2 \times 15 = 30$ 隻。但是腳應有 38 隻，所以少了 $38 - 2 \times 15 = 8$ 隻。這 8 隻是因為兔子而增加的，每一頭兔子增加 $(4-2)$ 隻腳，所以應該用 $38 - 2 \times 15$ 去除以 $(4-2)$ 來得到兔子應有 4 頭。

例 2. 》》

今年父親 32 歲，兒子 5 歲，請問幾年後父親的年齡是兒子的 2 倍？

假設是 X 年後，則有

$$2(5 + X) = 32 + X$$

$$2 \times 5 + 2X = 32 + X$$

$$2X - X = 32 - 2 \times 5$$

所以算術的作法是用父親的年齡去扣掉兒子年齡的兩倍，進一步可以用圖 2–1–1 解釋。

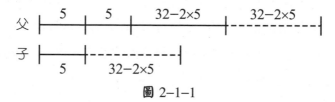

圖 2–1–1

例 3. 》》

全班同學出遊，雇若干輛同型車子，每一輛除駕駛外均有 5 個空位。若每一輛均坐 5 人，則總共留下 12 個空位，若每一輛僅坐 3 人，而用空位放行李，則有 8 人無法上車，請問車子幾輛，人數幾人？

假設車子有 C 輛，全班有 m 人，則

$$5C - 12 = m$$
$$3C + 8 = m$$

所以
$$5C - 12 = 3C + 8$$
$$5C - 3C = 12 + 8$$
$$(5 - 3)C = 12 + 8$$

因此算術的解法是：第一種坐法比第二種坐法的容量多 $(12 + 8)$ 人，這是因為每一輛車多坐 $(5 - 3)$ 人的關係，所以用 $(12 + 8) \div (5 - 3)$ 得到車輛數是 10，並求出人數是 38。

例 4.

一個蘋果比一個橘子貴 4 元，3 個蘋果和 5 個橘子等價，問蘋果、橘子一個各幾元？

設橘子一個 X 元，則有

$$3(X + 4) = 5X$$
$$3X + 3 \times 4 = 5X$$
$$3 \times 4 = 5X - 3X$$
$$3 \times 4 = (5 - 3)X$$

算術的解法是：若將 3 個蘋果換成橘子，則 3 個蘋果相當於 3 個橘子多 3×4 元，因此 5 個橘子也相當於 3 個橘子多 3×4 元，所以一個橘子是 3×4 除以 $(5 - 3)$，即 6 元。

　　下例原出於中國古代《九章算術》卷七〈盈不足〉問題：

例 5.

天平左邊有 12 個金塊，天平右邊有 20 個銀塊，左右等重。現在將
金、銀交換一塊後，左邊比右邊輕了 40 克，問金塊、銀塊各重幾克？

　　設金塊一塊重 g 克，銀塊一塊重 s 克，則有

$$12g = 20s \tag{1}$$

$$11g + s = 19s + g - 40 \tag{2}$$

$$(1) - (2) \quad (12g - 11g) - s = (20s - 19s) - g + 40$$

$$g - s + (12g - 11g) - (20s - 19s) = 40$$

　　可得　　$g - s = 20$

因此算術的解法要從金塊、銀塊的重量差開始思考。已知金比銀重，
並且天平左右兩邊原來是等重的，因為金、銀交換了一塊而使兩邊的
重量差了 40 克，所以一塊金比一塊銀要重 20 克。也就是說，移一個
金塊到右邊去，比原來的銀塊重了 20 克，而移一個銀塊到左邊來，比
原來的金塊輕了 20 克，一重一輕才會左右差了 40 克。

　　明白了此點，剩下的就是在 $g - s = 20$ 之下怎麼解 $12g = 20s$，這
又回到例 4. 的方法，可以解出 $s = 30, g = 50$。

　　上面這個例子看起來比較困難，特別是(1)－(2)的代數操作。我們
提供另一個更具啟發的解法。

　　設想自己是個沒學過代數的老夫，在沒有時間壓力的情況下，自我挑戰要幫孫子解答這道問題。於是有了以下的想法：

　　既然調換金、銀各一塊就減重 40 克，調換二塊便減重 80 克，……，所以當調換至左邊是 6 金、6 銀塊，而右邊是 6 金、14 銀塊，便減重 240 克，這相當於是 14 銀塊與 6 銀塊的差重，因此，銀塊一個重 30 克。同樣的道理，當調換至左邊是 10 銀、2 金塊，而右邊是 10 銀、10 金塊，所減重量 400 克便相當於是 10 金塊與 2 金塊之差重，因此，金塊一個重 50 克。

　　最後，我們想提醒教學現場的老師，用算術或圖解解算術應用題仍是較有趣味、較有深度，且對學習思考者也比較有價值的。若只是為求快圖便，私下教孩子用代數法取代算術，而剝奪了探索的機會，這是短利之途，對孩子不公平，也將傷害到孩子。不論在哪一階段，學習之中，直覺又自然的方法便是好方法，也是最值得鼓勵的方法。

——原載於《數學傳播》2011 年 35 卷 4 期——

02 面積關係與相似形基本定理

張海潮、周盈吟　著

　　中國人稱畢氏定理為勾股（弦）或商高定理。傳統上，勾股定理的證明是利用四個一樣的直角三角形依序排成一個大正方形，中間空出一個小正方形，然後利用面積關係得出「勾股各自乘，並而開方除之，即弦」（見圖 2–2–1 及附註）。

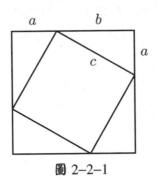

圖 2–2–1

　　本文想用類似的方法，以面積關係得出相似形的基本定理——對應角相等的兩個三角形，其對應邊長成比例。

　　我們只看直角三角形（圖 2–2–2）。

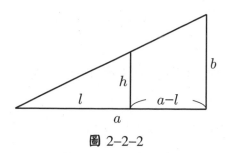

圖 2-2-2

因為大直角三角形和小直角三角形面積之差是一個梯形，以面積公式表出：

$$ab - lh = (a - l)(h + b)$$

展開消去，得出

$$0 = ah - lb$$

或者

$$\frac{h}{b} = \frac{l}{a}$$

此即勾股之比相等；若再引用勾股定理則可得到弦長之比亦與勾股之比相等。

本文證明與歐氏《原本》卷六命題二的證明類似，不過更加直接；並且可以在定義三角函數之前作為複習之用，幫助學者了解三角函數確是角的函數，與直角三角形的邊長無關。

——原載於《數學傳播》2005 年 29 卷 4 期——

附註

圖 2-2-1 首見於《周髀算經》趙君卿注，引文則出自《九章算術》卷九〈勾股〉。

勾股定理的證明來自大、小正方形面積之差為四個直角三角形，亦即

$$(a+b)^2 - c^2 = 2ab$$

展開消去得出

$$a^2 + b^2 = c^2$$

03 數學小子 S 問
幾何先生 G 輔助線

從「天外飛來」的輔助線，洞察幾何學的基本精神。

S：我想請教您一個問題，在做幾何證明的時候，為什麼經常要畫輔助線？這輔助線是從天上掉下來的嗎？

G：當然不是，對初學幾何的人來說，輔助線的確像天外飛來。即使是你的數學老師，通常也說不出個所以然來，他可能會告訴你這是經驗。

S：是呀！解題時要畫的輔助線就是那幾條，我也早就背得滾瓜爛熟……

G：我舉一個實際的例子好了，所有學幾何的人第一個碰到的輔助線就是在證明「等腰三角形兩底角相等」的時候，要畫一條頂角的角平分線。你能理解為什麼要畫這條輔助線嗎？

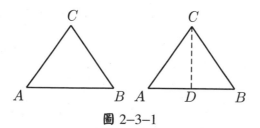

圖 2–3–1

S：那是因為這條角平分線把原本的等腰三角形分成左右兩個全等的三角形，因此可以證出 $\angle A$ 等於 $\angle B$。

G：是的，如果回到原來還沒有畫分角線的時候，你會覺得幾乎無法進行論證，但是 $\overline{AC} = \overline{BC}$ 這個條件強烈暗示了 $\triangle ABC$ 應該有一個左右對稱的關係，角平分線正是我們重現的對稱軸。

S：您可以再舉一個例子嗎？

G：幾何上有一個經常應用的 30°-60°-90° 定理，是說：「三個角分別是 30°, 60°, 90° 的直角三角形斜邊長是最短邊的兩倍」。

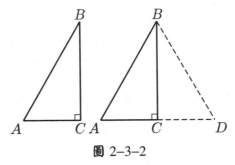

圖 2–3–2

證明的方法是以 $\overline{BC}$ 為對稱軸，將 $\overline{AB}$ 反射到 $\overline{BC}$ 的右邊，如此便得出一個正 $\triangle ABD$，因此 $\overline{AB} = \overline{AD}$ 並且是 $\overline{AC}$ 的兩倍，這也是利用輔助線重現對稱的例子。

S：對稱之外，有其他的例子嗎？

G：在回答你的問題之前，我們應該回過頭來想想幾何學的本質。如果你能夠洞察幾何的基本精神，也許就會比較清楚自己在做什麼。難道你不覺得這才是學習的重點嗎？

S：沒錯！不過我們老師都是從做題目開始教。

G：解題是必須的，但解題之前總要能仔細分析，基礎還是在掌握幾何的本質。幾何的本質不外乎平行、垂直和對稱；基於這三個性質所發展出來的定量工具則有畢氏定理、面積公式、相似形成比例定理。通常對稱用來決定全等關係，平行用來決定相似關係，垂直和平行則互為表裡。

S：那麼圓呢？

G：圓屬於旋轉對稱，許多圓的性質都是旋轉對稱的結果，比方說弦長相等則對應的弧長也相等。你如果用心的話，應該會發現任何一個旋轉都是由兩次鏡射得到，這也是為什麼鏡射對稱比旋轉對稱更為基本的原因。回到你原先提到的問題，我再舉一個例子，圖 2–3–3 中 $\overline{AD}$ 是分角線，要證明 $\dfrac{\overline{AB}}{\overline{AC}} = \dfrac{\overline{DB}}{\overline{DC}}$

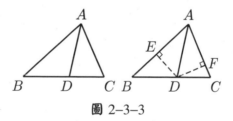

圖 2–3–3

顯然 $\dfrac{\overline{DB}}{\overline{DC}}$ 這個比值正是 $\triangle ADB$ 和 $\triangle ADC$ 的面積比，因此一個恰當的輔助線是由 D 點向兩邊各做一條垂線，由於 $\triangle ADB$ 和 $\triangle ADC$ 的面積分別是 $\dfrac{1}{2}\overline{AB}\cdot\overline{DE}$ 和 $\dfrac{1}{2}\overline{AC}\cdot\overline{DF}$，又因為 $\overline{DE}=\overline{DF}$，所以面積比也等於 $\dfrac{\overline{AB}}{\overline{AC}}$，這是一個利用垂線與面積的關聯來做輔助線的例子。

S：您說得太有道理了！但是您能保證所有的輔助線都是基於這些基本性質做出來的嗎？身為幾何先生，您能掌握所有的輔助線嗎？

G：你的問題非常尖銳，你應該聽過中國一個古老的諺語：「有狀元徒弟，無狀元師父」，只可惜我已經過了考狀元的年紀囉！

　　　　　　　　　　　　　──原載於《科學人》2008 年 4 月號──

04 三角形內角和等於 180° 與畢氏定理

張海潮、王彩蓮 著　　葉德財 整理

「三角形內角和等於 180°」這個大家應該都知道。我記得初中的時候，學校教到平面幾何的單元，當時課本裡有一個實驗：將一個三角形的三個角剪下來，並把它們拼起來，看看是不是剛好成為 180° 的平角。那時，我讀三年級，恰好有一個鄰居，他已經考上高中，於是跟他要初三的課本，這樣就不需要再花錢買課本。我在課本中發現他剪下的三個內角，他真的剪了！很多人知道三角形內角和等於 180°，可是並沒有真的剪下來拼湊過。

「畢氏定理」和「三角形內角和等於 180°」有什麼關係呢？國中數學課本上，關於「畢氏定理」的證明是這樣的：將四個全等的直角三角形拼起來成為一個大正方形（圖 2-4-1）。

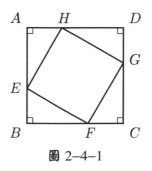

圖 2-4-1

　　如此中間會形成一個正方形，那麼，四個直角三角形與中間正方形的面積和會等於大正方形的面積，利用這個關係，整理一下，就可得到「畢氏定理」。在這個證明過程中「三角形內角和等於 180°」的事實已經被悄悄地引用了，為什麼呢？因為「中間會形成一個正方形」這件事是利用「三角形內角和等於 180°」的事實推得。從這個地方看來，「三角形內角和等於 180°」比「畢氏定理」還要基本。

　　其實，若從「畢氏定理」出發也可以得到「三角形內角和等於 180°」。一般而言，處理幾何的基本工具就是「畢氏定理」和它的逆定理，即滿足一邊的平方等於另二邊的平方和的三角形為直角三角形。現在我們給出這個推導過程，如果有一個三角形，而且我們知道「畢氏定理」對任何直角三角形都成立，我們想要說明的是「三角形內角和等於 180°」。若要證明這件事，起碼我們要能說明對於直角三角形是對的。觀察圖 2–4–2 的直角 $\triangle PQR$。

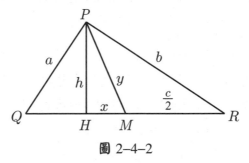

圖 2–4–2

作 $\overline{PH}$ 為斜邊上的高，M 為 $\overline{QR}$ 的中點，且令 $\overline{PQ}=a$、$\overline{PR}=b$、$\overline{QR}=c$、$\overline{PH}=h$、$\overline{PM}=y$ 和 $\overline{MH}=x$。我們希望能夠證明 $y=\dfrac{c}{2}$，因為如果 $y=\dfrac{c}{2}$，則 $\triangle MPQ$ 與 $\triangle MPR$ 皆為等腰三角形，所以

$$\angle Q+\angle R=\angle MPQ+\angle MPR=90°$$

於是得到 $\triangle PQR$ 三內角和等於 180°。

因為 $\triangle HPQ$ 與 $\triangle HPR$ 都是直角三角形，所以有

$$a^2 = h^2 + (\frac{c}{2} - x)^2$$
$$b^2 = h^2 + (\frac{c}{2} + x)^2$$

此二式相加得

$$a^2 + b^2 = 2h^2 + 2x^2 + \frac{c^2}{2}$$

又因為 $\triangle PQR$ 是直角三角形，$a^2 + b^2 = c^2$，所以

$$(\frac{c}{2})^2 = h^2 + x^2$$

又 $\triangle HMP$ 也是直角三角形，因此

$$(\frac{c}{2})^2 = y^2$$

就得到 $y = \frac{c}{2}$ 的結果。

　　對於任何一個三角形，可以剖成兩個直角三角形來看，利用剛剛證明的性質，很容易就可說明「三角形內角和等於 180°」。

　　以上的證明僅連續引用幾次畢氏定理及等腰三角形兩底角相等（可由 SAS 直接推出）的論證完成。這說明了「畢氏定理」的基本性，它其實可以說是談論幾何最重要的一個定理。

　　至於說為什麼我們會想到這個問題?一個是描述三角形的內角和，一個是說明直角三角形的邊長關係，這兩者看起來似乎毫不相關。事實上平面幾何之所以為平面幾何，是因為「三角形內角和等於 180°」，也是因為「畢氏定理」成立，所以這兩者非要有關連不可。不太可能在這兩者之外有一更基礎的東西，實際上這兩者是一樣的重要。也就是說「三角形內角和等於 180°」和「畢氏定理」成立都是平面幾何的特徵，是同一回事。

　　在應用上，「畢氏定理」比「三角形內角和等於 180°」更加有用，因為「畢氏定理」是線段量化的代數式，較常使用。因此，很多幾何的現象應該要常常回到「畢氏定理」來討論，如果一個定理可以用「畢氏定理」證明，就不要用其他定理了。也就是說，盡量去尋找直角的關係或投影的關係，再利用內積、兩點間的距離…等來處理幾何的問題，這樣是比較基本的。

——原載於《數學傳播》2003 年 27 卷 2 期——

附註

　　這是 2000 年 5 月張海潮在師大附中對數學老師們的演講，證明是王彩蓮提供的，她現任中山大學應數系教授，文章是當時碩士班研究生葉德財整理的，非常感謝他們的幫忙。

05 如何摺一個正五邊形

　　用長方形紙條打個結，可以得到一個五邊形。本文嘗試以最精簡的推理證明確實得到一個正五邊形。證明的核心思維是對稱。

　　由於打結的習慣有左、右兩種，所以可能得到的圖樣也有兩種。圖 2-5-1 和圖 2-5-2 說明這兩種情形，並且顯示我們看到的五邊形有左、右的對稱關係。對稱軸是從 A 點向底邊所作的垂線，對這條垂線作鏡射，圖 2-5-1 就變成圖 2-5-2。

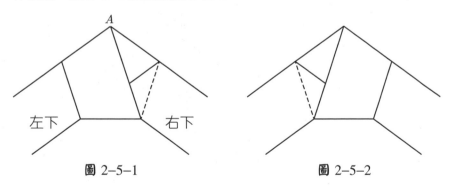

圖 2-5-1　　　　　　　　圖 2-5-2

從左右對稱立刻得出

$$\overline{AB} = \overline{AE}, \ \overline{BC} = \overline{DE}, \ \angle 1 = \angle 3$$

又由長方形紙條交叉得出 $ABCF$ 是平行四邊形，事實上，由於交叉的長方形是等寬的，因此不難看出 $ABCF$ 是一個菱形。

菱形保證 $\angle 1 = \angle 2$。$\overline{AB} = \overline{AF}$，因此 $\overline{AF} = \overline{AE}$，而有 $\angle 4 = \angle 5$，但是因為 $\angle 5 = \angle 1 + \angle 2$, $\angle 4 + \angle 5 + \angle 3 = 180°$，再加上 $\angle 1 = \angle 2 = \angle 3$，$\angle 4 = \angle 5 = \angle 1 + \angle 2$，得出 $\angle 1 = \angle 2 = \angle 3 = 36°$, $\angle 4 = \angle 5 = 72°$。同時也得出 $\angle ABC$（和 $\angle 1 + \angle 2$ 互補）是 $108°$，又由對稱，$\angle AED$ 也是 $108°$。

現在，我們看到圖 2-5-3 中有三個角 $\angle BAE$, $\angle ABC$, $\angle AED$ 是 $108°$，又有四個邊 $\overline{AB}, \overline{BC}, \overline{AE}, \overline{DE}$ 彼此相等，所以 $ABCDE$ 是正五邊形。

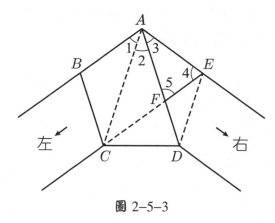

圖 2-5-3

——原載於《數學傳播》2005 年 29 卷 3 期——

06 從旋轉及縮放
看歐拉線與九點圓

自 Euler (1707～1783) 發現歐拉線 ，Poncelet (1788～1867) 證明九點圓以來，相關的論文無數；本文絕非創見，只能算是個人的讀書筆記。

重心、內心、外心與垂心是三角形的四心，前三心的物理或幾何的意義明顯，比較容易掌握；至於垂心，指的是三高的共同交點，論證通常要借重縮放關係，請看圖 2–6–1。

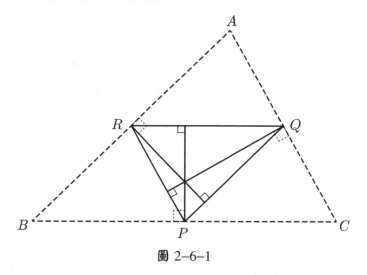

圖 2–6–1

　　圖中，P, Q, R 三點是 $\overline{BC}, \overline{CA}, \overline{AB}$ 三邊的中點，不難發現 $\triangle PQR$ 的垂心剛好是 $\triangle ABC$ 的外心。借重 $\triangle ABC$ 的外心，可以證明 $\triangle PQR$ 的三高共點。

　　易見圖 2–6–1 中的 $\triangle PQR$ 與 $\triangle ABC$ 相似，邊長是 $\triangle ABC$ 的一半。不過細究起來，$\triangle PQR$ 和 $\triangle ABC$ 的位置上下顛倒，不是單純的縮放，縮放之外，還需加上旋轉，請看圖 2–6–2。

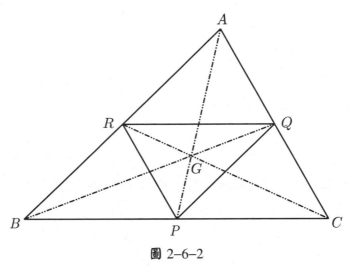

圖 2–6–2

　　如圖，令 P, Q, R 分別為 $\triangle ABC$ 三邊的中點，並令 G 為 $\triangle ABC$ 和 $\triangle PQR$ 的共同重心，由相關位置可以看出 $\triangle PQR$ 正是 $\triangle ABC$ 繞重心 G 旋轉 $180°$ 之後再縮小一半的結果。注意到在旋轉繼以縮放的過程中，角度的關係不變❶。

　　現在考慮 $\triangle ABC$（大三角形）的垂心 E、外心 F 和重心 G，以及 $\triangle PQR$（小三角形）的垂心 e、外心 f 和重心 G，請看圖 2–6–3。

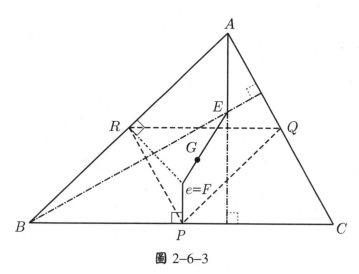

圖 2–6–3

由前段的討論知，若將 $\triangle ABC$ 繞 G 旋轉 $180°$ 之後再縮小一半，就會得到 $\triangle PQR$；並且由於旋轉和縮放時角度的關係不變，$\triangle ABC$ 的垂心 E 自然變換到 $\triangle PQR$ 的垂心 e，但是由於 e 同時也是 $\triangle ABC$ 的外心 F，所以 E, G, F 三點共線並且 $\overline{EG} = 2\overline{GF}$；又因 $\overline{EA}$ 透過旋轉和縮小一半之後，變換到 $\overline{FP}$，因此 $\overline{EA} = 2\overline{FP}$。結論是[2]：

⑴三角形的垂心 E、重心 G、外心 F 依序共線（稱為歐拉線）

⑵ $\overline{EG} = 2\overline{GF}$

⑶ $\overline{EA} = 2\overline{FP}$

　　接著再將圖 2–6–3 中 $\triangle ABC$ 的外心 F 繞 G 旋轉 $180°$ 之後再縮小一半，得到 $\triangle PQR$ 的外心 f（圖 2–6–4）。

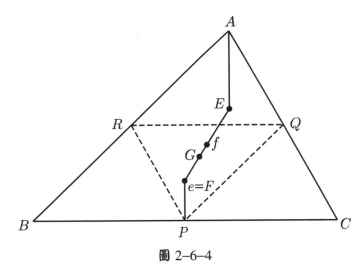

圖 2–6–4

由於 $\overline{EG} = 2\overline{GF} = 4\overline{Gf}$，易見 f 是 $\overline{EF}$ 的中點。由結論(3)，$\overline{EA} = 2$ $\overline{FP}$，因此若將 $\overline{Pf}$ 延長之後，會交到 $\overline{AE}$ 的中點 A'，並且有 $\overline{Pf} = \overline{fA'}$（圖 2–6–5）。

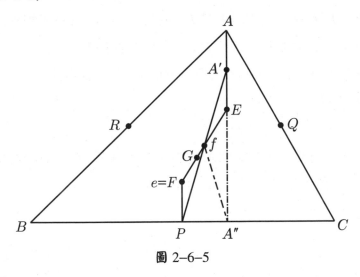

圖 2–6–5

注意到在直角 $\triangle PA''A'$ 中，f 是斜邊 $\overline{PA'}$ 的中點，所以有

⑷ $\overline{fA''}=\overline{fA'}=\overline{fP}$

　　記得 f 是 $\triangle PQR$ 的外心，根據⑷，加上對稱的考量，可以看出，以 f 為圓心，$\overline{fP}$ 為半徑的圓會通過下列九個點（圖 2-6-6）：

　　$\triangle ABC$ 三邊的中點 P, Q, R；$\triangle ABC$ 三高的垂足 A'', B'', C''；

　　$\triangle ABC$ 垂心到三頂點連線段的中點 A', B', C'。

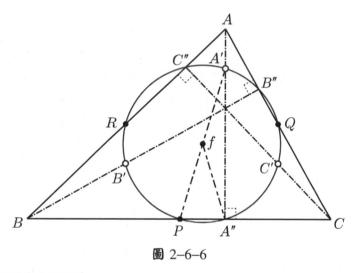

圖 2-6-6

這個圓稱為九點圓[3]。

——原載於《數學傳播》2009 年 33 卷 2 期——

附註

[1] 本文談及的旋轉，均為繞重心 G 旋轉 180°；縮放均指以 G 為中心的縮放。

[2] 笹部貞市郎《幾何學辭典》，p. 102，第 500 條，臺北九章出版社。

[3] 同[2]，笹部貞市郎《幾何學辭典》，p. 137，第 675 條。

07 重訪球面三角形面積公式

　　在（單位）球面上，以測地線（大圓的一部分）為三邊所圍成的三角形，稱為球面三角形。如圖 2–7–1，O 是球心，A、B、C 是三角形的三個頂點。

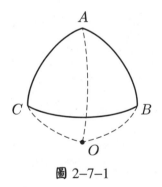

圖 2–7–1

　　眾所周知，如果仍以 A、B、C 表對應角的弧度量，則 $\triangle ABC$ 的面積是 $A + B + C - \pi$。

　　此一面積公式的證明常見，但是要靠畫圖來說明。如果圖畫得不好或不像，就會影響對此公式的理解。

　　首先，討論球面上月形的面積。所謂月形是指球面上兩個大圓相交所圍出的區域，如圖 2–7–2。

圖 2–7–2

　　注意到，太陽照射月球，月球只有一半是亮的，而從地球看月球，同樣也只看到一半，這兩個半球的相交區域就是我們看到的月亮，因此以月形稱呼，圖中 A 和 A' 互為對頂點。

　　月形的角度指 A 角或 A' 角，兩者相等。由於當 A 是 π 的時候，相關的月形變成半球，面積是 2π，所以由均勻性可得一般月形的面積是 $2A$。

　　回到 $\triangle ABC$，若將 $AB,\ BC,\ CA$ 這三個弧延伸成大圓，可以看出 $\triangle ABC$ 是三個月形的共同部分。

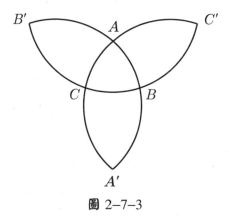

圖 2–7–3

圖中，A 與 A'，B 與 B'，C 與 C' 是三雙對頂點。

若要證 $\triangle ABC$ 的面積公式，唯一的辦法就是說明圖 2–7–3 中，三個月形覆蓋的區域面積剛好是 2π（球面面積的一半）。

由於三個月形的面積分別是 $2A, 2B, 2C$，而在共同覆蓋的區域中，$\triangle ABC$ 算了三次，所以

$$2\pi = 2A + 2B + 2C - 2\triangle ABC$$

或

$$\triangle ABC = A + B + C - \pi$$

回頭來想想圖 2–7–3 中的面積為什麼是 2π？由於圖 2–7–3 實在畫得失真因此最好重新畫一個好看一點的圖，如圖 2–7–4。

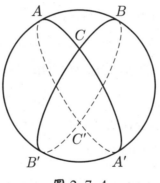

圖 2–7–4

圖中，先畫 AB 形成的大圓，再畫 AC 和 BC 形成的大圓，以及相關的對頂點 A'、B'、C'，圖中兩條虛線各自代表兩個半圓，畫在球的背面，注意到兩條虛線的交點 C' 恰是 C 的對頂點。

圖中有三個月形：

(一) ABA'　(二) BAB'　(三) $CA'B'C'$

在月形 $CA'B'C'$ 中有一塊是 $\triangle A'B'C'$，因為球對稱，可以用 $\triangle ABC$ 取代 $\triangle A'B'C'$，因此這三個月形剛好疊出半個球面，也就是下面這三個區域的聯集：

㈠ ABA'　㈡ BAB'　㈢ $\triangle ABC$ 加上 $\triangle CA'B'$

這三個區域面積分別是 $2A, 2B, 2C$，相疊時，$\triangle ABC$ 多算了二次，因此

$$2\pi = 2A + 2B + 2C - 2\triangle ABC$$

或

$$\triangle ABC = A + B + C - \pi$$

　　早年我在對學生講解這個公式時，用的是圖 2–7–3。由於圖 2–7–3 失真，不但解釋的七零八落，學生也不容易理解。後來有一次，我從項武義老師的書上看到圖 2–7–4，才恍然大悟，覺得昨非今是，特寫此文彌補過去因畫圖失真而引起的教學困擾。

——原載於《高中數學電子報》86 期——

參考文獻

一、項武義《基礎幾何學》第七章，九章出版社，五南出版社。

二、張海潮〈以積分計算球面三角形的面積〉，《數學傳播》，35 卷 1 期，pp. 51–53。

08 在球面上鋪二十個球面正三角形

我們想從球面幾何的角度來看正二十面體的存在。在單位球面上取一個三個角都等於 $\frac{2\pi}{5}$ 的正 $\triangle ABC$ [1]。

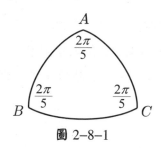

圖 2-8-1

這個三角形的面積是[2]：

$$\frac{2\pi}{5} + \frac{2\pi}{5} + \frac{2\pi}{5} - \pi = \frac{\pi}{5}$$

單位球的面積是 4π，因此是 $\triangle ABC$ 面積的 20 倍，現在取 20 個和 ABC 一模一樣的正（球面）三角形，我們要用這二十個「球面磚」鋪在單位球面上，鋪法如下：

第一步，從北極出發，鋪上五個正三角形（圖 2-8-2）。

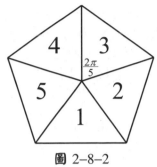

圖 2–8–2

由於三角形的角度是 $\dfrac{2\pi}{5}$，所以剛好繞北極一圈。

第二步，延續 1～5 這五個三角形，再鋪五個（圖 2–8–3）。

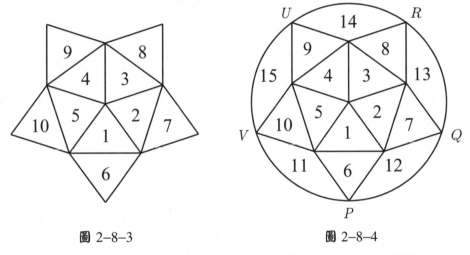

圖 2–8–3　　　　　　　　　圖 2–8–4

6～10 這五個三角形互不相鄰，之間所缺，剛好又可以鋪進 11～15 五個三角形（圖 2–8–4）。

這 15 個三角形鋪完之後，已經蓋住了 3π 的面積，剩下的面積由最後 5 個三角形 (16～20) 負責，分別接在 11～15 這五個三角形上，如圖 2–8–4，11、6、12 這三個三角形聚於一點 P。

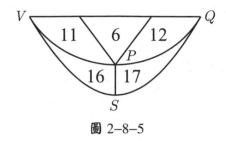

圖 2-8-5

　　再鋪上 16, 17 兩個三角形（圖 2-8-5），由於每一個相鄰的角度都是 $\dfrac{2\pi}{5}$，所以剛好兜攏在點 S，16～20 五個三角形鋪好之後，因為 20 個三角形的總面積是 4π，因此恰好鋪滿單位球面。換句話說，16～20 這五個三角形匯聚於點 S，而點 S 正是南極[3]。同樣的方法也可用來說明正十二面體的存在。

──原載於《數學傳播》2009 年 33 卷 3 期──

附註

[1] 單位球面上的正三角形被角度唯一決定，請見張海潮《數學傳播》，28 卷 1 期，〈球面三角形的 AAA 定理〉。

[2] 球面三角形的面積公式請見前文，〈重訪球面三角形面積公式〉。

[3] 另一個說法是，如圖 2-8-4，假設南極是 S，則由 P, Q, R, U, V 五點（這五點在同一個緯圓上）分別向 S 作測地線，就會得到最後五個角度均為 $\dfrac{2\pi}{5}$ 的正三角形。

09 虛根成對的一個教法

高一上要學「虛根成對定理」，內容是說：假設

$$f(z) = a_n z^n + a_{n-1} z^{n-1} + \cdots + a_1 z + a_0$$

是一個實係數 n 次多項式，$n \geq 2$，則 $f(z) = 0$ 的虛根必成對出現，亦即如果

$$f(a + bi) = 0,\ a,\ b \in 實數，b \neq 0$$

則有

$$f(a - bi) = 0$$

多數課本的證明都是利用共軛複數，此處提供一個比較實際的證明，證明的原理類似餘式定理。

顯然，在 $n = 2$ 的時候，我們從一元二次方程式的公式解或是根與係數的關係，可以輕鬆的證明「虛根成對」定理。因此，很自然的，我們製造多項式

$$[z - (a + ib)][z - (a - ib)] = z^2 - 2az + a^2 + b^2$$

　　這是一個實係數多項式，由多項式的除法，我們可以將 $f(z)$ 表示成

$$f(z) = (z^2 - 2az + a^2 + b^2)q(x) + cz + d$$

或

$$f(z) = [z - (a + ib)][z - (a - ib)]q(x) + cz + d$$

其中 $q(x)$ 是實係數多項式，並且 c, d 均為實數。現在代入 $a + ib$，得

$$0 = c(a + ib) + d = ca + d + icb$$

代表

$$ca + d = cb = 0$$

然後代入 $a - ib$ 得

$$f(a - ib) = c(a - ib) + d = ca + d - icb$$

因此

$$f(a - ib) = 0$$

定理得證。

　　至於共軛複數的作法，當然也可以教，只不過抽象了點，適合作整合之用。

——原載於《高中數學電子報》24 期——

10 時鐘問題與無窮級數

數學教學不是只有解題，許多數學問題可以經由一個中心思想貫穿！

12 點以後，長針和短針什麼時候再度重合？這是小學算術裡有名的「時鐘問題」。

話說有一天，我和一位 10 歲小朋友聊天，我問他這個問題，他看了看牆上的時鐘，回答我：「1 點。」我告訴他 1 點的時候，長針回到 12，不過短針呢？短針還停在 12 嗎？他說：「短針走到了 1。」很好，那麼長針還要繼續走一段嗎？那當然，不過，小朋友覺得有點困擾，他說長針走到 1 的時候，短針早已離開了 1。

那麼，長針會追上短針嗎？一定會的，因為無論如何，長針都比短針走得快啊！所以你應該把原本落後 60 格的長針用短針 12 倍的速度來追。也就是說，在每一分鐘時，長針走了 1 格，但是短針只能走 $\frac{1}{12}$ 格，所以長針只要花上 $\dfrac{60}{1-\dfrac{1}{12}} = 60 \times \dfrac{12}{11} = 65\dfrac{5}{11}$ 分鐘，就能追上短針了。

　　時鐘問題讓我聯想到西元前五世紀希臘哲學家芝諾 (Zeno) 的悖論，這個悖論的主角是希臘的大英雄阿基里斯。為了方便讀者理解我的思路，我把時鐘問題套入芝諾的悖論：

　　　　阿基里斯在草原上看到前方 60 公尺處有一隻烏龜筆直向前行，阿基里斯決定進行「追龜計畫」。假設阿基里斯的速度是龜速的 12 倍，當阿基里斯跑了 60 公尺後，烏龜會前進 5 公尺。阿基里斯奮勇向前再衝 5 公尺，但是此時烏龜又前進了 $\frac{5}{12}$ 公尺。我們的大英雄只好繼續衝刺 $\frac{5}{12}$ 公尺，不過烏龜也不慌不忙前進了 $\frac{5}{12 \times 12}$ 公尺，看來阿基里斯永遠追不上烏龜？

　　芝諾悖論原是為了質疑時空是否可以無限分割，如果可以，阿基里斯為了追上烏龜，必須通過無窮多個烏龜每一次的到達點，因此需要經歷無窮多段的時間。但是如果把每一時段大英雄走的距離加起來，還是可以得到「追上烏龜的總距離」，這個總距離是：

$$60 + \frac{60}{12} + \frac{60}{12 \times 12} + \frac{60}{12 \times 12 \times 12} + \cdots$$
$$= 60(1 + \frac{1}{12} + \frac{1}{12 \times 12} + \frac{1}{12 \times 12 \times 12} + \cdots)$$

　　仔細看這個式子，你會發現括弧內是一個「無窮等比級數」。我們要問阿基里斯，如何把這個公比 $\frac{1}{12}$ 的無窮等比級數加起來？

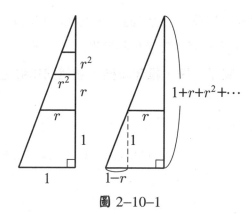

圖 2–10–1

如圖 2–10–1 所示，是一個把 $1 + r + r^2 + r^3 + \cdots$ 加起來的辦法，式中 $0 < r < 1$。

從圖 2–10–1 右圖中的相似三角形，可以看出 $1 + r + r^2 + r^3 + \cdots = \dfrac{1}{1-r}$，正是「無窮等比級數」的求和公式。所以阿基里斯總共走了 $\dfrac{60}{1 - \dfrac{1}{12}} = 60 \times \dfrac{12}{11} = 65\dfrac{5}{11}$ 公尺，亦即在出發後的 65 又 $\dfrac{5}{11}$ 公尺處追上烏龜。因此，芝諾的說法相當於把總量 65 又 $\dfrac{5}{11}$ 公尺拆成了無窮多段，就好像把長針追上短針所需的時間分成無窮多段一樣。

回想過去，在所有無窮級數的教學現場，從來就沒有把小學算術（例如時鐘問題）、圖解求和公式（例如圖 2–10–1）和芝諾時空是否可以無限分割這些議題聯繫在一起。數學教育的現場向來缺乏學習動機，只是充斥這樣或那樣的題型變化，最要命的就是沒有中心思想。無窮級數的中心思想正是芝諾對時空本質的探索，從而創造了阿基里斯追龜的數學模型。

看來，即使是小學算術，也暗藏不少玄機。您也許會有興趣用「追龜方法」來思考下面這個「父子年齡問題」：

爸爸今年 32 歲，兒子 6 歲，幾年以後，爸爸的年齡是兒子年齡的兩倍？

您會怎麼解？

——原載於《科學人》2013 年 4 月號——

11 時鐘問題，
小兵立大功！

小學生不知為何而學的時鐘問題，竟然可以用來計
算火星繞日週期！

　　在 1968 年臺灣九年國教實施之前，小學畢業生必須考過聯考才能
進入初中。當時許多學校都實施「惡補」，大量的參考書應運而生，其
中一本《圖解算術》最是有名。

　　《圖解算術》集結了一堆難題，比方說雞兔同籠或和差問題，有
的可以用畫圖來幫助解題，不過大部分的題目即使對小學老師而言，
也太超過，其實應該擺在國中的代數課程裡。這些難題中，讓當時還
是小學生的我印象最深刻的是時鐘問題。時鐘問題主要是問在什麼時
刻，長針和短針會重合。例如，12 點以後，第一次重合發生在幾點幾
分？

　　我無師自通想了一個辦法，就是把長針看成是長腳哥哥，短針看
成是短腿弟弟。兩人在 12 點出發，長腳每走一格（代表一分鐘），短
腿只走 $\frac{1}{12}$ 格，因此長腳比短腿多走 $\frac{11}{12}$ 格。長腳若要追上短腿需要

多走 60 格，因此需時 $60 \div \dfrac{11}{12} = 65\dfrac{5}{11}$ 分才能再度重合，重合的時刻是 1 點 $5\dfrac{5}{11}$ 分。

這個絕招可以解遍所有長短針重合的問題。當年，我甚至把家裡的鬧鐘帶到學校，用手動來驗證我的計算。老師也默許我上課做實驗，因為畢竟所有的答案都有 11 的分母，這在鐘面上是看不出來的。

事隔多年，有一天我翻閱《大美百科全書》，在「太陽系」這個條目突然看到克卜勒如何利用前後兩次太陽、地球和火星三連星的間隔 780 天，來推算火星繞日週期是 686 天。

話說克卜勒相信哥白尼的日心說，一心想分析火星繞日的軌道。但由於身居地球，要將地球上所見轉換到以太陽為中心的坐標系談何容易。他從第谷留下的資料看出兩次三連星的間隔是 780 天，於是想到可以用來計算火星繞日的週期。

這不就是一個倒裝的時鐘問題？我們不妨把繞太陽轉得較快的地球想成長針，把轉得慢的火星想成短針。我們以圈為單位，地球每一天轉 $\dfrac{1}{365}$ 圈，火星每一天轉 $\dfrac{1}{T}$ 圈，T 是火星繞日的週期。每一天，地球比火星多走 $\dfrac{1}{365} - \dfrac{1}{T}$ 圈，因此兩次三連星的間隔天數 $780 = \dfrac{1}{\dfrac{1}{365} - \dfrac{1}{T}}$。這是一個簡單的方程式，可以解出 T 約等於 686 天，與現代所測接近。

克卜勒隨後將從地球所見的火星方向每隔 686 天做成一組加以分析。由於前後間隔 686 天時，火星會出現在同一個位置，而地球卻分居軌道上不同的兩點，因此會觀察到兩個不同的方向。再將這兩次

觀察得到的方向延伸出去，相交之點，就是火星的位置。《大美百科全書》提到克卜勒曾經據此在紙上繪出數百個火星的位置，從而大膽猜測火星繞日的軌道是橢圓，太陽位居一焦點。

類似的想法還可以應用在計算兩次月正中天的時間差。以臺北來說明，月正中天代表地心、臺北和月亮處於「三連星」的狀態。由於臺北繞地心一圈是 24 小時，所以每小時轉 $\frac{1}{24}$ 圈，月亮繞地一圈是 29.53 天，換算成小時，每小時繞地 $\frac{1}{24 \times 29.53}$ 圈。因此下一次三連星的時間差就是 $\dfrac{1}{\dfrac{1}{24} - \dfrac{1}{24 \times 29.53}}$ 或 $24 \times \dfrac{29.53}{29.53 - 1}$ 小時 。 答案是 24.84 小時或是 24 小時 50 分。換句話說，每一天月正中天的時刻會推遲 50 分鐘。

看看 2010 年中央氣象局出版的天文日曆上怎麼說?氣象局所指的月正中天，是月亮在東經 120° 線正上方的時刻，它所預測的幾個時間為：1 月 4 日是 02：52、1 月 5 日是 03：44、1 月 6 日是 04：33、1 月 7 日是 05：21。每一天推遲的時間分別是 52 分、49 分、48 分，與前段計算的 50 分鐘大致吻合。

雖然上述的計算都預先做了等速圓周運動的假設，所得結論也只是大致準確，但只用簡單的想法就能貼近真實、對現象做出合理的分析。小學生不知為何而學的時鐘問題看似無用，然而因為在解題方法上的超越性，反而可以用來處理火星運動的週期和預測月正中天的時間。換句話說，時鐘是表，火星是裡，這種能夠「由表及裡」的數學，當然是好的數學。

——原載於《科學人》2010 年 4 月號——

12 零的零次方
等於多少？

2013 年本系一位黃姓畢業生在建中任數學實習老師。12 月中，我去看黃師教學演示。當天是教指數函數，黃師先複習正整數情形下的指數律，然後，對正整數 n，定義 a^{-n} 及 a^0（$a \neq 0$）。定義好之後，黃師問同學 0^0 有沒有意義？

此問頗引起同學的興趣，黃師的結論大致是：

a^0 之定義是因指數律的擴張而有 $\dfrac{a^n}{a^n} = a^{n-n} = a^0$，所以 a^0 應該定為 1，但如果 $a = 0$，0 不能作為分母，上述定法失效，故 0^0 無定義。

我當時想到的反而是微積分教學中所碰到的極限問題：

$$\lim_{x \to 0^+} x^x = ?$$

此一極限問題通常出現在羅必達規則 (L'Hôpital rule) 的教學中，不過，在高中並不是不能討論。

首先，可以利用 Google，直接輸入 0.1 ^ (0.1)，enter 後得到 0.794，然後輸入 0.01 ^ (0.01) 得到 0.9549，再輸入 0.001 ^ (0.001) 得到 0.993，最後輸入 0.0001 ^ (0.0001) 得到 0.999。

同學們可以藉此類操作，合理的推斷兩個結論：

㈠ $f(x) = x^x$ 在 $(0, 0.1)$ 上是遞減的函數。

㈡ 當 x 從 0 的右邊趨近於 0 時，x^x 的極限值是 1。

要能確認上述的結論需要會指、對數函數的微分，此處，我們暫且提供一個高中生可以看懂的替代證明，亦即只討論 $x = \dfrac{1}{n}$ 的情形。

令 $x = \dfrac{1}{n}$，$n = 10, 11, \cdots$ 是大於或等於 10 的正整數，$x^x = (\dfrac{1}{n})^{\frac{1}{n}}$ $= \dfrac{1}{n^{\frac{1}{n}}}$。結論㈠、㈡變成：

㈠' $n^{\frac{1}{n}} > (n+1)^{\frac{1}{n+1}}$

㈡' $\lim\limits_{n \to \infty} n^{\frac{1}{n}} = 1$

先看㈠'，這等於要證

$$n^{n+1} > (n+1)^n$$

$$或$$

$$n > \frac{(n+1)^n}{n^n} = (1 + \frac{1}{n})^n$$

下面我們要證明

$$(1 + \frac{1}{n})^n < 3$$

方式如下：

利用二項式定理

$$(1 + \frac{1}{n})^n = 1 + 1 + C_2^n \frac{1}{n^2} + C_3^n \frac{1}{n^3} + \cdots + C_{n-1}^n \frac{1}{n^{n-1}} + \frac{1}{n^n}$$

$$< 1 + 1 + \frac{1}{2} + \frac{1}{3!} + \cdots + \frac{1}{(n-1)!} + \frac{1}{n!}$$

$$< 1 + 1 + \frac{1}{2} + \frac{1}{4} + \frac{1}{8} + \frac{1}{16} + \cdots$$

$$= 3$$

既然 $(1 + \frac{1}{n})^n < 3$，而 $n \geq 10$，當然有 $n > (1 + \frac{1}{n})^n$。事實上，$(1 + \frac{1}{n})^n$ 的極限是所謂的自然指數的底 e，$e \approx 2.71828$。

再看㈡'：

因為 $n^{\frac{1}{n}}$ 隨 n 增大而遞減，並且 $n^{\frac{1}{n}} > 1$，因此 $\lim\limits_{n \to \infty} n^{\frac{1}{n}}$ 存在，令此極限為 a，則 $a \geq 1$。

若 $a = 1$，得證㈡'，否則令 $a = 1 + \alpha, \alpha > 0$，則

$$n^{\frac{1}{n}} \geq 1 + \alpha$$

$$或$$

$$n \geq (1 + \alpha)^n$$

對 $n \geq 10$ 恆成立。但是不等號左邊的 n 是等差數列 $n, n+1, n+2, \cdots$，右邊是等比數列 $(1+\alpha)^n, (1+\alpha)^{n+1}, (1+\alpha)^{n+2}, \cdots$，公比 $(1+\alpha) > 1$，不等式顯然不成立，此即㈡'的結論 $\lim\limits_{n \to \infty} \sqrt[n]{n} = 1$ 或 $\lim\limits_{n \to \infty} (\frac{1}{n})^{\frac{1}{n}} = 1$。

——原載於《高中數學電子報》82 期——

附註

另一個證明 $n^{\frac{1}{n}} \to 1$ 的方法是令 $n = 2^k$，則 $n^{\frac{1}{n}} = (2^k)^{\frac{1}{2^k}} = 2^{\frac{k}{2^k}}$，當 $k \to \infty$ 時，$\frac{k}{2^k} \to 0$，因此 $n^{\frac{1}{n}} \to 1$。

13 尺規作圖的代數面

一、什麼是尺規數？

如果我們在數線上標好 0 和 1，尺規數（又稱規矩數）是指可以用（無刻度的）尺和圓規在數線上標出的數。

首先，這些數包含正整數；其次，在標記的時候如果取反方向，就自然也標出了負整數，如圖 2-13-1。

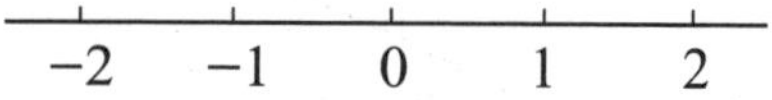

$$-2 \qquad -1 \qquad 0 \qquad 1 \qquad 2$$

圖 2-13-1

利用相似形成比例定理，可以進一步標出所有的有理數（即分數）。如圖 2-13-2，圖中的虛線互相平行，$\overline{OA} = \overline{AB} = \overline{BC}$。

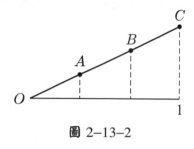

圖 2-13-2

　　注意到由於平行公理，尺規作圖允許我們作平行線。如此一來，我們便得到了有理數的全體，以 $\mathbb{Q}$ 表示。

　　以下不再區分一個正數 a 和長度為 a 的線段，亦即如果 a 被標記在數線上，a 也代表數線上從 0 到 a 的線段。再來，對數線上任一個已知正數 a，我們可以開平方，作 $\sqrt{a}$，如圖 2-13-3。

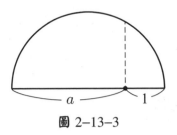

圖 2-13-3

將數線上代表長度 a 的線段與單位長線段首尾相接作為半圓的直徑，過相接點作垂直線段，虛線的部分就是 $\sqrt{a}$。

　　顯然，兩個已知數利用尺規可以相加減；至於相乘，如圖 2-13-4。

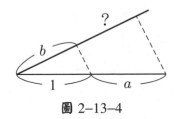

圖 2-13-4

圖中虛線互相平行，「？」代表 ab，類似的圖形中「？」代表 $\dfrac{1}{a}$，見圖 2-13-5。

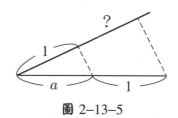

圖 2–13–5

總之，從有理數的全體 $\mathbb{Q}$ 開始，利用 $+, -, \times, \div, \sqrt{\text{正數}}$ 一再重複操作所得數的全體，就是尺規數。另外，注意到 $+, -, \times, \div$ 及 $\sqrt{}$ 的動作也適用於任何給定的線段。

　　以上的建構可以更精確的說明如下：從 $\mathbb{Q}$ 開始，任選一個非平方的正數，將它開平方，例如得到 $\sqrt{2}$。然後作所有的 $p+q\sqrt{2}$，其中 $p, q \in \mathbb{Q}$，而得到 $\mathbb{Q}$ 的一個擴張，以 $\mathbb{Q}(\sqrt{2})$ 表。如此繼續，在每一個擴張 K 得到後，在 K 中任選一個在 K 中非平方的正數，將之開平方，例如：$\sqrt{k}, k \in K, k > 0$。接著作所有的 $l + m\sqrt{k}, l, m \in K$，而得到下一個擴張 $K(\sqrt{k})$。這些擴張的全體，就是數線上的尺規數。

　　可是，這些數畢竟是透過上述特定的方式產生的，從尺規全面的作圖功能來看，會不會比上述方式得到更多的數呢？答案是否定的，原因是從平面坐標幾何的角度，尺規作圖不過是求解直線與直線，直線與圓，和圓與圓的交點的坐標。

(1) $\begin{cases} ax + by + c = 0 \\ \alpha x + \beta y + \gamma = 0 \end{cases}$　$a, b, c, \alpha, \beta, \gamma$ 已知

(2) $\begin{cases} ax + by + c = 0 \\ (x-\alpha)^2 + (y-\beta)^2 = \gamma^2 \end{cases}$　$a, b, c, \alpha, \beta, \gamma$ 已知

(3) $\begin{cases} (x-a)^2 + (y-b)^2 = c^2 \\ (x-\alpha)^2 + (y-\beta)^2 = \gamma^2 \end{cases}$　$a, b, c, \alpha, \beta, \gamma$ 已知

以上三類聯立方程組的解，全是已知係數作 $+, -, \times, \div$ 和 $\sqrt{\ }$ 的組合。（注意到解(3)時先將兩式相減，便回到(2)的形式，只涉及一元二次方程式的求解）亦即，如果已知量 $a, b, c, \alpha, \beta, \gamma$ 全是有理數時，尺規能作出的就只是尺規數。

二、尺規作圖實例

我們將在本節討論如何利用尺規數建構的方式搭配坐標幾何來解尺規作圖的問題。

例 1. ⫸

如圖 2–13–6，平面上不在一直線的三點 A, B, C，求作圓 A、圓 B、圓 C 兩兩外切。

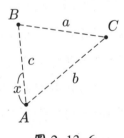

圖 2–13–6

假設圓 A 的半徑為 x，則圓 B 的半徑為 $c-x$。為使圓 C 的半徑 r 能夠讓圓 C 與圓 A 和圓 B 同時相外切，必須

$$r + (c - x) = a$$
$$r + x = b$$

由此解得 $x = \frac{1}{2}(b+c-a)$, $r = \frac{1}{2}(a+b-c)$, $c-x = \frac{1}{2}(c+a-b)$，

所以本題可以尺規作圖。

例 2. ≫

如圖 2–13–7，直線 L 過點 O，求作直線 RS，$RS /\!/ L$ 並且 $\triangle OPQ$ 和
$\triangle ORS$ 面積相等。

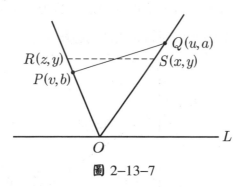

圖 2–13–7

令 O 為原點，L 為 x 軸，$Q = (u, a)$, $P = (v, b)$, $S = (x, y)$, $R = (z, y)$。
則由三角形面積相等而有

$$\begin{vmatrix} u & a \\ v & b \end{vmatrix} = (x-z)y$$

但是

$$x = u\frac{y}{a},\ z = v\frac{y}{b}$$

代入得

$$ub - va = y^2(\frac{u}{a} - \frac{v}{b})$$

或
$$y^2 = ab$$
$$y = \sqrt{ab}$$

因為 y 是已知量 a 和 b 乘積的平方根，所以本題可以尺規作圖。

例 3. ≫

如圖 2–13–8，$\triangle ABD$ 中有一點 C 在 $\overline{AB}$ 中點 M 的左邊，求作一條過 C 的直線，將 $\triangle ABD$ 分成兩個等面積的區域。

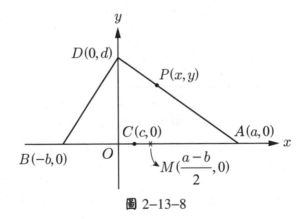

圖 2–13–8

解

令 $P(x, y)$ 在 $\overline{AD}$ 上，$\dfrac{y}{x-a} = \dfrac{d}{-a}$

$\triangle CPA$ 的面積 $= \dfrac{1}{2}(a-c)y$，$\triangle BDA$ 的面積 $= \dfrac{1}{2}(a+b)d$

所以 $(a-c)y = \dfrac{1}{2}(a+b)d,\ y = \dfrac{(a+b)d}{2(a-c)}$

$$x = -\frac{a}{d}y + a = a\frac{a-b-2c}{2(a-c)} \text{，其中 } a - b - 2c > 0$$

因為 y 是已知量 a, b, c, d 的四則運算，所以本題可以尺規作圖。

 例 4. ▷▷

求作一個 36° 的角。

解

如圖 2–13–9，考慮一個 36°-72°-72° 的等腰三角形，令 $\overline{AB} = \overline{AC} = 1$

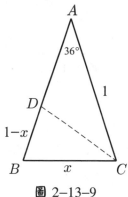

圖 2–13–9

作 ∠C 的分角線 $\overline{CD}$，則由相似形成比例定理

$$1 : x = x : 1 - x$$

或

$$x^2 = 1 - x, \ x^2 + x - 1 = 0$$

解得

$$x = \frac{-1 \pm \sqrt{5}}{2} \text{（取正根）}$$

因為 x 的形式是一個尺規數，故可用三邊 $1, 1, x$ 以尺規作一等腰三角形，其頂角必然是 $36°$。x 稱為黃金分割。

注意到，這是求 $\sin 18°$ 最好的方法，$\sin 18° = \dfrac{1}{2}x = \dfrac{\sqrt{5}-1}{4}$。

例 5. ⟫

如圖 2–13–10，已知直角三角形斜邊長為 c，一股長為 a，求作三角形。

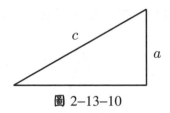

圖 2–13–10

解

另一股長為 $\sqrt{c^2-a^2}$ 涉及到自乘，相減和開平方。本題可以尺規作出另一股，然後以 SSS 作此三角形。

三、無法以尺規作圖的題目

第一個，也是最有名的就是能不能以尺規三等分任意角。以 $20°$ 角為例，即 $60°$ 角的三分之一。先在單位圓上看點 $(\cos 20°, \sin 20°)$。

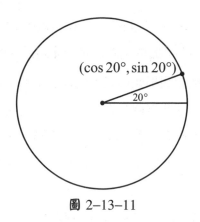

圖 2–13–11

透過三倍角公式

$$\frac{1}{2} = \cos 60° = 4\cos^3 20° - 3\cos 20°$$

或

$$8\cos^3 20° - 6\cos 20° - 1 = 0$$

令 $x = 2\cos 20°$ 而有

$$x^3 - 3x - 1 = 0$$

問題轉化成 x 是不是一個尺規數？這裡，我們先提出一個定理，證明見後：

定理

一個尺規數所滿足的有理係數且不可分解的多項式 (Irreducible polynomial with coefficient in $\mathbb{Q}$)，次數一定是 2^l (l 是 0 或正整數)。

　注意到，從輾轉相除法可以看出這個不可分解的多項式是唯一的，頂多差一個常數倍。舉例言之，

$$x = \sqrt{2} \text{ 滿足 } x^2 - 2 = 0，次數 = 2$$

$$x = \sqrt{2} + \sqrt{3} \text{ 滿足 } (x^2 - 5)^2 - 24 = 0，次數 = 4$$

事實上，由於尺規數的開根號形式，所以在還原的時候自然會發生平方的情形，這是本定理的直觀基礎。

現在既然 $x = 2\cos 20° $ 滿足 $x^3 - 3x - 1 = 0$，因此若能證明 $x^3 - 3x - 1$ 在有理係數中不可分解，便可證明 x 非尺規數（因為次數 3 非 2 的冪次）。

如何證明 $x^3 - 3x - 1$ 在 $\mathbb{Q}$ 中不可分解？如果可以分解，則 $x^3 - 3x - 1$ 必有一次因式或必有有理根，而且一有理根又必定為整數根。但是將任何整數代入 $x^3 - 3x - 1$，所得皆為奇數，不能為 0。結論是 $x^3 - 3x - 1$ 在 $\mathbb{Q}$ 中不可分解，而根據上述定理，x 不能為尺規數。亦即以尺規三等分任意角為不可能。

現在回來證明定理。首先，一個多項式是否不可分解，必須要看在哪一個係數域。例如 $x^2 - 2$ 在 $\mathbb{Q}$ 中不可分解，但是在 $\mathbb{Q}(\sqrt{2})$ 中便可分解為 $(x - \sqrt{2})(x + \sqrt{2})$。其次，本定理其實不侷限於 $\mathbb{Q}$，實際上，只要從任何一個 $\mathbb{Q}$ 的擴張 K 出發所製作的尺規數，所滿足的以 K 為係數的不可分解多項式的次數均為 2 的冪次，這才是本定理的一般形式。

現在若有一從 $\mathbb{Q}$ 出發製作的尺規數 a，假設 a 中含有 $\sqrt{2}$ 這一步，因此 a 也是從 $\mathbb{Q}(\sqrt{2})$ 出發製作的尺規數。由數學歸納法，我們假設 a 所滿足的以 $\mathbb{Q}(\sqrt{2})$ 為係數的不可分解多項式 $F(x)$ 的次數是 2^l，$F(a) = 0$，並設

$$F(x) = g(x) + \sqrt{2}h(x)$$

式中 $g(x)$, $h(x)$ 係數在 $\mathbb{Q}$，$g(x)$ 與 $h(x)$ 互質，並且 $g(x)$ 和 $h(x)$ 都不是零多項式。（因為若 $h(x) = 0$，則 $F(x)$ 變成係數在 $\mathbb{Q}$，當然在 $\mathbb{Q}$ 中也同樣不可分解，而 $F(x)$ 的次數既然是 2^l，定理算是已證。至於若是 $g(x) = 0$，則 $F(x)$ 根本就可取成 $h(x)$，情形類似。）

考慮

$$H(x) = [g(x) + \sqrt{2}\,h(x)][g(x) - \sqrt{2}\,h(x)]$$
$$= g^2(x) - 2h^2(x)$$

首先 $H(a) = 0$，並且 g^2 和 h^2 的首項不能消去（因為 2 不是有理數的平方），所以 H 的次數是 2^{l+1}。

我們要證 $H(x)$ 在 $\mathbb{Q}$ 中仍然不可分解。如果可以分解，令 $H(x) = H_1(x)H_2(x)$，其中 H_1, H_2 均為次數 ≥ 1，係數在 $\mathbb{Q}$ 中的多項式。則在 $\mathbb{Q}(\sqrt{2})$ 中看來，因為 $g(x) + \sqrt{2}\,h(x)$ 不可能分解，所以 $g(x) + \sqrt{2}\,h(x)$ 整除，比方，$H_1(x)$。但是 $h(x) \neq 0$，所以 $H_1(x) = [g(x) + \sqrt{2}\,h(x)] G(x)$，$G(x)$ 的係數不全在 $\mathbb{Q}$ 中。結果 $G(x)H_2(x) = g(x) - \sqrt{2}\,h(x)$。這表示 $H_2(x)$ 是 $g(x)$ 和 $h(x)$ 的公因式，與 $g(x)$, $h(x)$ 互質矛盾。

證明了這個定理之後，我們繼續討論第二個無法以尺規作圖的命題：作一個正方體，體積為 2（即邊長為 $\sqrt[3]{2}$）。

若令 $x = \sqrt[3]{2}$，則 $x^3 - 2 = 0$，用上述的方式可以證明 $x^3 - 2$ 在 $\mathbb{Q}$ 中不可分解，因此 $\sqrt[3]{2}$ 也非尺規數。

另外還有一個命題，化圓為方，即求作 $\sqrt{\pi}$。這個命題之不可尺規作涉及到 π 根本無法滿足任何一個係數在 $\mathbb{Q}$ 中的多項式，π 的這個屬性稱為超越數，超越數當然無法尺規作圖。

上述這三個命題合稱希臘幾何三大作圖題，簡稱為

㈠三等分任意角問題

㈡倍立方問題

㈢圓化方問題

結果是統統不能尺規作圖。

四、檢討尺規作圖

對本文第二節的解題方式，很多老師不能接受。他們說：「沒有幾何」，心裡其實要說的是：「不夠漂亮」。

先說例 1.，大家喜歡在 $\triangle ABC$ 中作一個內切圓，從內切點到各頂點的距離就是各圓的半徑，如圖 2–13–12 所示。

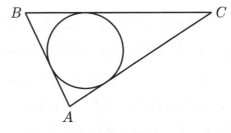

圖 2–13–12

不過作內切圓要花的步驟還真不少。

再說例 3.，他們喜歡的作法是，如圖 2–13–13，連 $\overline{CD}$，過 M 作 $\overline{MN} /\!/ \overline{CD}$，$\overline{CN}$ 即為所求。

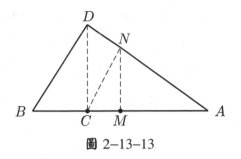

圖 2–13–13

但是要這麼作,需要相當的巧思。

老師們最不能接受的是例 5.,因為 「全無美感」,他們喜歡用 $c, c, 2a$,作一個等腰三角形,然後畫上中線。

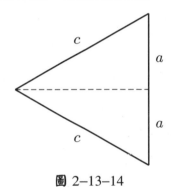

圖 2–13–14

至於用代數求解的想法來否定三等分角和倍立方的尺規作,他們比較沒意見,因為「橫豎不能作」。

對於這些看法,我頗能理解。不過要注意的是這些意見多半來自「有一點年紀」的老師,因為年輕的一代對尺規作圖並沒有那麼鍾情,特別是十年基測的單選搞法已經毀掉了國中的幾何證明,我們想問:尺規作圖安在哉?

　　本文最後想要加一註腳，尺規作圖的那把尺其實並非全無刻度，你只要刻上 0 和 1 ， 就可以刻上所有的尺規數 ， 包括 $\sqrt{2}, \sqrt{3}, \sqrt{2} + \sqrt{3}, \sqrt{\sqrt{2} + \sqrt{3}}$ 等等。其實都在尺上。就實用而言，如此密的刻度絕對是夠的，也許這是一個邁向實數最好的出發點，因為高中以後再也不會碰到尺規作圖了。

──原載於《高中數學電子報》80 期──

篇 3
牛 頓

01 為什麼不是圓？

從克卜勒三大行星運動定律到牛頓萬有引力定律。

1609 年，克卜勒出版《新天文學》，提出行星繞太陽運行的橢圓律：行星繞日的軌道是橢圓，太陽位居橢圓的一個焦點；以及面積律：行星與太陽的連線段在等長的時間內掃過等同的面積。1618 年，克卜勒又出版《世界的和諧》並提出週期律：行星繞太陽一周所需的時間 T 和行星軌道的半長軸 a，滿足 $\dfrac{a^3}{T^2}$ 為定值，與個別行星無關。

在克卜勒提出三大行星運動定律近七十年之後，牛頓於 1687 年出版《自然哲學的數學原理》，詳細說明了如何以數學論證，從三大行星運動定律得出萬有引力定律。在牛頓徹底解答三大行星運動定律的物理意涵之前，許多人都好奇提問：「為什麼是橢圓？」或者說：「為什麼不是圓？」

如果是圓，前述的橢圓律就變成了：行星繞日的軌道是圓，太陽位居圓心。這個現象雖然與事實不符，但是不妨作為下文的出發點，看看能夠得出什麼結論。

不難看出，若行星繞日是圓周運動的情形，面積律等同於行星以等速率運動，因為唯有如此，才能在等長的時間內掃過等同的面積。

等速圓周運動是平面運動中最完美的運動。在克卜勒發現橢圓律之前，許多人都相信，以地球為中心所觀察的行星運動是由若干個等速圓周運動疊加而成。因此，假設行星以等速圓周運動繞行太陽，並非大逆不道。

圖 3-1-1 是了解等速圓周運動的關鍵：左圖表示圓周運動的半徑為 R，速度 v 和半徑垂直。右圖表示各位置的等速度也自成一半徑為 v 的圓，而加速度 a 又和 v 垂直，這表示加速度 a 指向圓心 O，因此是向心加速度。

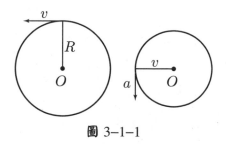

圖 3-1-1

由於位置的變化率是 v，而繞行一圈所需的時間是 T，因此在左圖中，有 $v = \dfrac{2\pi R}{T}$ ……(1)

又因為 R 在繞行一圈時，v 也繞行一圈，並且速度 v 的變化率是加速度 a，因此在右圖中，也有 $a = \dfrac{2\pi v}{T}$ ……(2)

將(1)、(2)兩式相比，得到 $\dfrac{v}{a} = \dfrac{R}{v}$ 或 $a = \dfrac{v^2}{R}$。這就是有名的等速圓周運動加速度公式，它基本上說明了 a 之於 v，猶如 v 之於 R；圖 3-1-1 中 R 與 v 所成的直角三角形，和 v 與 a 所成的直角三角形相似。

接著再將加速度公式連繫到週期律：$\dfrac{R^3}{T^2}$ 是常數；假設這個常數

是 C，並且將 v 重寫成 $\dfrac{2\pi R}{T}$，代入 a 的表示式：

$$a = \frac{v^2}{R} = \frac{4\pi^2 R^2}{RT^2} = \frac{4\pi^2 R^3}{T^2 R^2} = \frac{4\pi^2 C}{R^2}$$

亦即向心加速度 a 和半徑 R 的平方成反比，反比常數是 $4\pi^2 C$，這就是向心力的平方反比意涵。

在克卜勒的時代，太陽系只有六大行星，因此上述公式中的 R 為六個半徑。若要從這六個半徑的平方反比現象推得「萬有引力定律」，可謂「大膽的假設」，離真相有一大段距離。然而行星繞日畢竟不是圓周運動，行星在軌道上更非等速前進。上述向心加速度的論證雖然簡潔巧妙，但是一開始的假設就是錯的，就數學來說，只能算是一個啟發式證明 (heuristic argument)。

一般來說，啟發式證明的最大瑕疵在於論證過程不夠嚴謹。它一方面可能做了過多的假設，而另一方面又在論證時做了一些跳躍。但是如果真的從橢圓運動（而非圓周運動）出發，橢圓的幾何性質勢必扮演重要的角色，所以牛頓必須長篇累牘撰寫《自然哲學的數學原理》，植基於橢圓運動而推得引力的平方反比定律。不過這麼一來，牛頓的論證又變得晦澀難懂，許多物理教科書只好採取上述的啟發式證明，至少能讓學生體會平方反比定律的出現並非空穴來風。

──原載於《科學人》2009 年 1 月號──

02 月亮代表我的心

在牛頓比較蘋果與月球的向心加速度時，地球對蘋果的吸引力，可以將質量視為集中於球心。

　　牛頓在 1665 年從劍橋大學畢業時，湊巧碰上倫敦地區鼠疫流行，因而回到老家烏爾索普待了一年半。在這段期間，牛頓初步完成了對萬有引力的探索，雖然有欠嚴謹，但是深具啟發。

　　牛頓探索的對象是月球與蘋果：如果這兩者都受到地球的引力，並且引力的大小與距離的平方成反比，那麼就可以一方面計算月球繞地球的向心加速度，另一方面實測地表的重力加速度（9.8 公尺／秒^2），並以兩者的比值來進行初步的驗證。

　　在牛頓的時代，人們已經知道月地距離是地球半徑的 60 倍，以現代眼光來看也算準確。由於重力與距離的平方成反比，牛頓必須驗證月球繞地球的向心加速度是否為 9.8 公尺／秒^{2}的 $\frac{1}{3600}$（即 2.72×10^{-3} 公尺／秒^2），其中的 3600 來自 60 的平方。

　　牛頓當時引用的月對地向心加速度公式是 $\frac{4\pi^2 60R}{T^2}$，此處 R 是地球的半徑，T 是月球繞地的週期（從觀察恆星而來）。但是相關數值代

入 $\frac{4\pi^2 60R}{T^2}$ 時，牛頓得到的月對地向心加速度卻只有 2.23×10^{-3} 公尺／秒^2。

印度天文學家錢卓斯卡在 1995 年出版的 《為一般讀者而寫的牛頓原理》為牛頓的結果做了解釋。原來牛頓當時誤以為地球表面每一緯度的間距是 60 英里 （真實值是 69.5 英里），而又習慣以 5000 英尺換算 1 英里 （真實值是 5280 英尺），所以導致上述偏誤。

雖然月球繞地球的軌道並非正圓（60R 只是一個平均值），但因為這個橢圓軌道的離心率只有 0.05，牛頓假設月球繞地球是等速率圓周運動並不離譜，因此，即使算出的向心加速度比預期值少 20%，作為一個「萬有引力初探」還算是相當成功。不過更重要的是，在整個計算中，牛頓「偷渡」了一個極具創意的想法，那就是「地球對蘋果的引力可以視為質量集中於地心，而由地心施力於蘋果」。

身處地球表面的我們，要如何測量地球的質量？

回頭考察牛頓的初探，如果承認月球與地球的距離是地球半徑的 60 倍，而要與地表的蘋果做比較，那麼，蘋果與地球的距離又是多少呢？要知道，地球的每一部分都對月球及蘋果施力，由於地球與月球距離甚遠，因此將地球的質量視為集中於地心，是個不錯的想法；但是蘋果就在地球表面，要如何才能將地球各部分對蘋果的施力都視為來自於地心呢？

不管如何，牛頓確實做了這樣的「地心」假設，引力從地心發出，因此蘋果與地球的距離 「就是」 地球的半徑，是月球到地球距離的 $\frac{1}{60}$ ，因此他才期望月球繞地球的向心加速度是地表重力加速度的 $\frac{1}{3600}$ 。

　　只是由於「地心」假設遲遲未能確認，讓牛頓一直不願意公開他對萬有引力的研究，直到 1685 年前後，牛頓才以嚴謹的積分方法證明了均勻球體對球外一點的引力可視為質量集中於球心，這個結果首見於 1687 年出版的 《自然哲學的數學原理》 第一卷的命題 71 。（命題 71 討論的是均勻球面，因此涵蓋的情形更廣。）

　　《原理》的命題 71 雖然確認了「地心」現象，但是牛頓提出的證明非常難懂，英國數學家李特伍德對此命題的評論是「讓讀者深陷困惑」。

　　但命題 71 也為後來英國物理學家卡文迪什在 1798 年的重力實驗提供了重要的理論基礎 。 卡文迪什以兩個鉛球做實驗 ， 大球重達 158 公斤，直徑 30 公分，小球重 0.73 公斤，直徑 5.1 公分，顯然不能以「質點」對待，而必須將質量視為集中於球心，並且量度球心之間的距離。

　　卡文迪什的實驗首度量出萬有引力常數 G ，誤差不大於 1% ，並且又透過公式 $9.8 = \dfrac{GMe}{R^2}$ 而求得地球質量 $Me = 6.6 \times 10^{21}$ 公噸 。 身處地球表面而能測得地球的質量，地心引力功不可沒。話說回來，卡文迪什實驗的成功 ， 其實也證實了命題 71——質量可以視為集中於球心，不是嗎？

——原載於《科學人》2009 年 10 月號——

延伸閱讀

本書附錄 02　牛頓的超酷定理。

03 古今大師論橢圓

牛頓如何從橢圓律悟出向心力的規律？且看三百年後錢卓斯卡的論證。

　　牛頓以幾何方法成功求得向心力的大小反比於行星與太陽距離的平方，充分展示了橢圓軌道代表的物理意涵；也因為發現平方反比定律和發明微積分基本定理的兩大成就，將牛頓推向學術的頂峰，榮耀無限。

　　橢圓是相當特殊的曲線，不同於圓之處在於它有兩個焦點，如果行星繞日的軌道是橢圓，那麼，究竟是橢圓的哪些「幾何」特質「逼使」向心力必須服從平方反比定律？這是牛頓當年首先面對的問題。

　　1983 年諾貝爾物理獎得主錢卓斯卡 (Subrahmanyan Chandrasekhar) 在 1990 年時以八十高齡發憤註釋牛頓的名著《原理》，1994 年完稿後交牛津大學於次年夏天出版，書名為 *Newton's Principia for the Common Reader*。錢氏在 1994 年《當代科學》中也發表一篇兩頁的報告 "On reading Newton's Principia at age past eighty"，提出一個橢圓的曲率半徑公式，作為牛頓從克卜勒橢圓律推出平方反比向心力的論證基礎，十分具有說服力。錢氏的論述是針對牛頓《原理》書中

的命題 11：如果行星繞日的軌道是橢圓，太陽位居一焦點，求行星所受向心力的規律。錢氏的解析如圖 3–3–1。

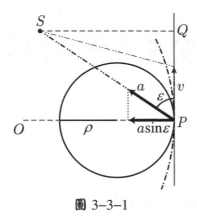

圖 3–3–1

行星 P 以速度 v 沿橢圓（·—·—··）前進，$\overleftrightarrow{PO}$ 代表橢圓在 P 點的法線，在 P 點與橢圓密接的圓（——），其半徑 ρ 稱為橢圓在 P 點的曲率半徑，ε 代表 v 方向與 $\overline{PS}$（S 為太陽）的夾角。錢氏指出：橢圓的曲率半徑 ρ 與 $\sin^3 \varepsilon$ 的乘積為常數，與 P 點的位置無關。錢氏並表示：若讀者不知道這個結果，他應該「回到學校溫故知新」。

什麼是曲率半徑？當點 P 做曲線運動時，如果曲線是圓，圓的半徑就是曲率半徑，如果曲線不是圓，在轉彎的瞬間，曲線的一小部分很近似圓的一段小弧，此一近似圓的半徑便稱為該處的曲率半徑，此時 P 所受的加速度在法線方向的投影大小就是 $\dfrac{v^2}{\rho}$，表示在此一瞬間質點在轉彎的部分有如受到等速圓周運動的向心加速度。

若以 a 表指向 S 的向心加速度，則 $a \sin \varepsilon = \dfrac{v^2}{\rho}$ ……(1)

式中 $a \sin \varepsilon$ 即是 a 在法線 $\overleftrightarrow{PO}$ 上的投影（——▶）。

錢氏再回到克卜勒的面積律，面積律表示在單位時間（例如一秒）內，P 點與 S 的連線段 $\overline{PS}$ 掃過的面積是一個常數 A。但在一秒內，P 點所走的距離恰好是 v，若將在一秒內走的路徑近似為直線，則 $\overline{PS}$ 掃過的面積就是 SPv 這個三角形（﹍﹍﹍）。

此三角形以 v 為底，並以 $\overline{QS}$ 為高，面積是 $\dfrac{1}{2}v\cdot\overline{QS}$ 或 $\dfrac{1}{2}v\cdot\overline{PS}\cdot\sin\varepsilon$，亦即 $A = \dfrac{1}{2}v\cdot\overline{PS}\cdot\sin\varepsilon$。

再將 v 以 $\dfrac{2A}{\overline{PS}\sin\varepsilon}$ 代回(1)，得到 $a = \dfrac{v^2}{\rho\sin\varepsilon} = \dfrac{4A^2}{\overline{PS}^2}\cdot\dfrac{1}{\rho\sin^3\varepsilon}$。

由於 $\rho\sin^3\varepsilon$ 是一個常數，因此向心加速度 a 與距離的平方 $(\overline{PS}^2)$ 成反比，以上就是錢氏對牛頓《原理》命題 11 的詮釋。錢氏在那本導讀出版不久後的 8 月 21 日辭世，享年 85 歲。

然而牛頓本人是不是那樣想呢？至少在《原理》的命題 11，牛頓並未提及他真正計算的其實是橢圓的曲率半徑，此所以錢氏以垂暮之年仍然老驥伏櫪，要來彰顯牛頓偉大的發現。不過，細察錢氏的導讀，要能讀懂，似非普通人可以辦到。就以橢圓的曲率半徑來說好了，時至今日，即使是專長幾何的數學家也未必知道錢氏提出的公式；而且從錢氏求學的時代一路走來，橢圓的學習分量在中學已然大幅減少，也難怪克卜勒的成就逐漸為人淡忘——萬有引力定律早已取代了行星律，人們反而倒過來問：如果萬有引力成立的話，為什麼行星的軌道是一個橢圓？

——原載於《科學人》2009 年 4 月號——

延伸閱讀

本書附錄 01　橢圓的曲率公式和萬有引力的平方反比規律。

篇 4
愛因斯坦

01 我所知道的愛因斯坦

　　愛因斯坦，猶太人，1879 年生於德國。17 歲入瑞士蘇黎世聯邦理工學院 (ETH)。大學四年，他把大部分的時間花在探索科學，做實驗和研讀科學和哲學中偉大先驅人物的著作。他的主要興趣在物理，但卻對物理課程失望；尤其是物理教授 H. Weber，在 Weber 的課中學不到 Maxwell 的電磁理論，以致於當 Weber 在 1912 年去世時，愛因斯坦竟對友人表示「Weber 的死，對 ETH 是件好事」。

　　雖然如此，愛因斯坦卻讚賞 Hurwitz 和 Minkowski 兩位傑出的數學老師。不過由於對自然科學的興趣超過數學，並且覺得數學分成許多過分專門的領域，而不想在這樣專精的領域中耗去一生。

　　1905 年，提出三篇劃時代的論文：光量子假說，布朗運動，和特殊相對論。並且向蘇黎世大學提出博士論文，他當時任職於伯恩的專利局，這個工作是他大學時代的好友數學家 M. Grossman 幫忙找的。愛因斯坦將博士論文獻給 M. Grossman，不只是因為他們的友誼，還加上 Grossman 對他的「救命之恩」。

　　1913 年發表與 Grossman 合著的論文〈廣義相對論和引力理論綱要〉在 1922 年的京都演說中，愛因斯坦回憶起這個工作，他說：「如果所有的系統都是等價的，那麼歐氏幾何就無法全然成立。但是捨幾何而就物理，就好像失語的思考。我們在表達思想之前必須先找到語言，…。我突然發現高斯的曲面論正是解開這個奧秘的鑰匙…，但我不知黎曼已經深刻地研究了幾何的基礎。」

　　當時愛因斯坦找 Grossman 幫忙到圖書館查閱是否有一種幾何可以處理愛因斯坦思索的問題，Grossman 第二天就回話給他，說確有如此的幾何——黎曼幾何。

　　黎曼雖然早在 1854 年就提出了他對微分幾何的看法，但是一直要到愛因斯坦把微分幾何引進廣義相對論作為數學工具以後，才廣為發展。愛氏本人雖然並未直接證明任何微分幾何的定理，但是當他發現在思索廣義相對論的數學語言時，竟然在半個世紀前就有黎曼的微分幾何架構在等著他，他不得不說出「…純粹數學的建構可以使我們發現觀念和它們之間聯繫的法則，開啟我們對自然現象的理解…」如此這般對純數學的溢美之辭。

　　1922 年 11 月 10 日，瑞典科學院秘書在一封電報中告訴愛因斯坦「…因為你在理論物理的工作，特別是你發現了光電效應的法則，決定將去年（1921 年）的諾貝爾物理獎頒贈予你，但不考慮你的相對論和重力理論…」

　　為何暫不考慮？主要是在當時有一些物理學家還無法接受愛因斯坦的相對論，因此有人提出以光電效應來給獎，但即使如此，仍然可以說得上實至名歸。

　　1933 年普林斯頓高等研究所聘請愛因斯坦擔任數學所的教授，其餘五位是 Alexander, Morse, Von Neumann, Weyl 和 Veblen。

　　1935 年與 Podolsky 和 Rosen 合作發表挑戰哥本哈根學派的論文宣稱量子力學對實在的描述是不完備的。

　　1939 年愛因斯坦寫信給美國羅斯福總統要求發展原子武器，防止德國搶先製造原子彈，但是他的基本態度是反戰的，只是在面臨到納粹對人類造成的浩劫時，基於他對德國科技的了解，不得不爾。戰後他仍然得面對麥卡錫法西斯分子的威脅，1954 年 3 月被麥卡錫公開斥責為「美國的敵人」。11 月愛因斯坦在《記者》雜誌上發表聲明，不願在美國當科學家，而寧願做一個水電工或是小販，為在麥卡錫主義陰影下的知識分子抗議，而美國水電業工會也決議贈給愛因斯坦榮譽會員的名義。

　　1955 年 4 月 18 日去世，在追思禮拜中，以歌德的悼席勒詩向他致敬，其中的一句是「全世界都感謝他的教誨」。

——原載於《數學傳播》2001 年 25 卷 3 期——

參考文獻

一、Pais, *The Science and the Life of Albert Einstein.* 中譯請見上海商務印書館《上帝難以捉摸：愛因斯坦的科學與生平》。
二、凡異出版社，紀念愛因斯坦文集。

延伸閱讀

本書附錄 03　論幾何學之基礎假說。

02 愛因斯坦的數學師友

閔考夫斯基的張量見解與葛羅斯曼的數學協助，支持了愛因斯坦完成廣義相對論。

2015 年是愛因斯坦發表〈廣義相對論的基本原則〉100 週年，全世界各處都在紀念此事。眾所周知，相對論是愛氏獨立完成的時空／重力理論，因此愛氏的論文幾乎從不或很少提及別人的貢獻。倒是在這篇論文的前言裡，愛氏提到了兩位數學家，一位是在瑞士蘇黎世讀大學時的老師閔考夫斯基，另一位是大學的同班同學葛羅斯曼。

愛氏在蘇黎世聯邦理工學院 (ETH) 師範系讀書時經常缺課，每逢考試，愛氏就會求助於好同學葛羅斯曼，靠著葛氏的筆記總能過關，而在 1900 年 8 月順利畢業，畢業之後立刻失業。1902 年 6 月，透過葛氏父親的推薦，愛氏到瑞士伯恩專利局謀得一個三職等技術員的職位。他在這裡工作了七年，直到 1909 年 10 月轉任蘇黎世大學理論物理學副教授。愛氏所有有關相對論的思想均在這七年成形。

閔考夫斯基在 1902 年離開 ETH 到德國哥廷根大學任教，因急性盲腸炎在 1909 年辭世。他的好友同事大數學家希爾伯特形容閔氏是上天送給凡間的稀世珍寶。現在看來閔氏遺留給這個世界最大的禮物，

應該是整理了狹義相對論的數學結構，因而啟發愛氏找到正確的數學工具來發展廣義相對論。

愛氏在 1905 年提出狹義相對論時，只是一個默默無聞的專利局職員。可能是因為教過愛氏，閔氏注意到這篇劃時代的鉅作，因此在 1907~1908 年的數次公開演講，把愛氏論文中隱而未現的數學結構具體表達出來。

不只如此，閔氏還注意到磁場和電場合在一起構成一組二維的張量（一維的張量即向量），因此在慣性坐標系之間轉換時，只要應用張量在轉換時服從的規律，便可得到愛氏論文中磁場和電場複雜的轉換公式。換句話說，閔氏從張量的制高點來掌握 1905 年愛氏發表的狹義相對論。

有一度，愛氏覺得閔氏不過是在賣弄數學。但是當愛氏思索廣義相對論時，閔氏的張量切入對他有很大的啟發。狹義相對論不含物質、不涉重力，然而重力及質量分佈是廣義相對論的核心議題。1907 年，愛氏發現了等效原理，即重力場等同於一個加速度系的坐標轉換，這樣的觀點逼使愛氏不能只局限於慣性坐標系的轉換，而必須納入所有可能的坐標轉換，因此張量變成最主要的數學工具。

愛氏在論文〈廣義相對論的基本原則〉的開場白說到：

> 下面所要論述的理論，……。用了閔考夫斯基所給予狹義相對論的型式，相對論的這種推廣就變得很容易。

真的很容易嗎？閔氏有一次對原子物理學家波恩談到愛氏的狹義相對論，他說：

　　這使我大吃一驚，因為愛因斯坦在學生時代是條懶狗。
他一點也不為數學操心。

　　其實愛氏的數學能力極佳，只是他太專注於自然現象的思考，而
忽略了高等數學的學習，例如張量和張量的絕對微分。不過，他很快
理解到數學家黎曼、瑞奇、李維－西維塔等人發展出來的微分幾何和
張量分析，知道這些主題必定可以支撐廣義相對論思想中、物質分佈
如何決定彎曲的時空。此時，愛氏回到了母校 ETH 去找大學時代的摯
友葛羅斯曼。在數學教授葛氏的協助下，愛氏邊做邊學，終於在 1913
年由兩人共同發表了〈廣義相對論和引力理論綱要〉，論文分成物理學
和數學兩部分，分別由愛氏和葛氏執筆，建立了廣義相對論的數學基
礎。

　　此後，愛氏再度單飛，在 1915 年發表〈用廣義相對論解釋水星近
日點運動〉，主要是利用 1913 年與葛氏合作的論文，計算了在太陽附
近因時空的彎曲而導致水星軌道的偏移，接著發表本文一開始提到的
1915 年論文。在前言裡，愛氏先感謝了（老師）閔考夫斯基，然後他
說：

　　　我在這裡要感謝我的朋友數學家葛羅斯曼，他不僅代替
　　我研究了有關的數學文獻，而且在探索重力場方程方面，也
　　給我以大力支持。

──原載於《科學人》2016 年 1 月號──

03 愛因斯坦看數學

愛因斯坦沒有選擇當數學家，但為了研究自然科學，
仍必須掌握數學這個工具。

愛因斯坦一生對數學的體認，約可分為中學時期、大學時期和大學之後開創廣義相對論的三個階段。根據他在《愛因斯坦：哲學家—科學家》所寫的〈自述〉，在他 11、12 歲的時候，叔叔告訴他畢氏定理，他便自己利用直角三角形相似形的邊長關係，證明了這個定理。

愛因斯坦也談到 12 歲時，朋友塔爾梅 (Max Talmey) 給了他一本平面幾何小書，他認真自學，感受如下：

> 這本書裡有許多斷言，比如，三角形的三個高交於一點。它們本身雖然並不是顯而易見的，但是可以很可靠地加以證明，以致於任何懷疑似乎都不可能。這種明晰性和可靠性對我造成了一種難以形容的印象。

愛因斯坦的這段經驗許多人都有同感，但是出自一位 12 歲的少年，便顯得十分難得。〈自述〉中他又提到在 16 歲前已經自學了微積分，此項成就顯然十分重要，因為學會微積分，等於打開了學習物理的大門。

　　1896 年，愛因斯坦進入蘇黎世聯邦理工學院學習物理和數學。這段期間，理論物理最成熟的是牛頓力學，其次是電磁學，可能因為純數學的發展更快，科目相對也比物理多一些。愛因斯坦在這裡遇到的是當時歐洲最傑出的數學家，他修過胡維茲 (Adolf Hurwitz) 開的微積分和微分方程，閔考夫斯基 (Hermann Minkowski) 開的數論幾何、變分法、偏微分方程和解析力學。雖然身處大師講堂，但愛因斯坦志不在此，一方面因為他對自然科學的高度興趣，另一方面則是他對純數學工作者的觀感。他在〈自述〉中說：

> 我看到數學分成許多專門領域，每一個領域都能費去我們僅有的短暫的一生。因此我覺得自己的處境像布里丹的驢子一樣，不能決定究竟該吃哪一捆乾草。

　　他以此比喻，說明自己並無選擇數學議題的意願，然而大學之前的自學經驗又讓他對數學充滿自信。但為了自然科學的興趣而掌握必要的數學工具，與選擇特殊的研究議題而成為專業數學家，壓根是兩碼子事，愛因斯坦不想當驢子，完全可以理解。

　　不過 1913 年愛因斯坦提出廣義相對論後，對數學的看法卻大大轉變。1922 年底，他在京都的演講談到：

> 如果所有的系統都是等效的，那麼歐氏幾何就無法全然成立。但是捨去幾何而留下物理定律，就好像捨去語言而留下思想。我們必須在表達思想之前找到語言，我們到底能找到什麼語言？一直到 1912 年的某一天，我突然想到解開秘密的鑰匙就是高斯的曲面論……不過那時我還不知道其實黎曼

已經為幾何立下了更深刻的基礎……我終於認識到幾何學的
基礎在物理上的重要性……我問我的朋友（葛羅斯曼），黎曼
的理論是否能解答我的問題。

　　為什麼黎曼幾何在時空的研究中如此重要？在牛頓的時代，時間
和空間是分開的概念，空間中的許多現象都是以歐氏幾何為基礎來理
解的，這樣的理解可以充分涵蓋慣性坐標系的概念。但到了愛因斯坦，
時空已糾結成了一個四維的連續體，再加上所謂的「等效原理」把重
力場等同於加速度場之後，物理定律的考量不能只限於慣性坐標系。
簡單的說，一旦開始考量一般的坐標變換，就必須走出歐氏幾何，迎
向一個更寬廣的幾何概念。這個新的幾何概念發端於高斯的曲面論，
再由黎曼推廣到一般空間。

　　在經歷了嶄新的數學體驗之後，愛因斯坦已能夠自在使用黎曼幾
何所發展出來的一套他稱為「張量分析」的計算方法，這方法之於廣
義相對論就如同微積分之於牛頓力學一樣自然。

　　愛因斯坦一生從未發表任何數學論文，他所關心的是物理問題，
但他對黎曼幾何（微分幾何）的貢獻可能超過當代許多幾何學家，因
為他的研究告訴我們如何透過物理來認識幾何，闡明了古典歐氏幾何
和近代微分幾何在理解物理時所扮演的角色。

──原載於《科學人》2010 年 10 月號──

04 我本來可以說得更簡單

64 歲的愛因斯坦認為他在 1905 年 6 月的那篇論文
寫得有些繁複，為什麼？

派斯在 1982 年出版的《上帝難以捉摸：愛因斯坦的科學與生平》
是公認寫得最好的一本愛因斯坦傳。 此書的第七章第六小節談到：
1943 年「書與作者戰爭債券委員會」請求愛氏捐出他著名的六月論文
〈論運動物體的電動力學〉手稿、進行拍賣，作為對戰爭債務的貢獻。
愛氏回答，論文發表後就把手稿扔了，但他表示可以就已發表的論文
再抄一遍，捐出拍賣。於是 64 歲的愛氏請秘書坐在旁邊唸論文，由他
來抄寫。愛氏一度放下筆問秘書：「我真的是這麼說的嗎？」知道確實
如此之後，愛氏說：「我本來可以說得更簡單。」

在六月論文中，到底是哪一段內容愛氏寫得晦澀難懂？派斯沒說，
但是多數讀過六月論文的人，大概會認為就是第一部分第三節：愛氏
基於相對性原理和光速恆定原理，推導出慣性系統之間的勞侖茲變換。

這篇論文寫於 1905 年，是相對論的第一篇論文。論文的第一節是
「同時性的定義」、第二節是「長度和時間的相對性」，第三節則是「從

靜止系統到另一個相對於它做等速運動的坐標系的坐標和時間的變換理論」。

第三節主要是導出下列方程式（以現在習慣的符號表示）。假設火車和月臺是兩個慣性系統，月臺前的鐵軌是月臺的 x 軸，同時也是火車的 x' 軸，火車以速度 v 向右行駛。假設月臺的 y、z 軸和火車的 y'、z' 軸始終平行，並且當月臺觀察到事件 $x = t = 0$ 時，火車觀察到的是 $x' = t' = 0$。

愛氏用相當繁複的數學推導出（c 是光速）：

$$\begin{cases} x' = x'(x,\, t) = \dfrac{x - vt}{\sqrt{1 - \dfrac{v^2}{c^2}}} & y' = y \\[3em] t' = t'(x,\, t) = \dfrac{t - \dfrac{v}{c^2}x}{\sqrt{1 - \dfrac{v^2}{c^2}}} & z' = z \end{cases}$$

由於月臺的 y、z 軸始終平行於火車的 y'、z' 軸，上述 y、z 兩式不是問題，繁複之處在推導出另外兩式。

前兩式的由來先在一、二節略述。第一節是利用光速恆定在同一個慣性系統（例如火車）校準各處的鐘。校準的方式是，例如在 A 處鐘指 12 點時放出一束光射向 B 處，B 處接收到訊號時應該是 12 點再加上光行經 A 到 B 距離的時間。第二節（時間議題）是說明在月臺上校準的鐘在火車上看來並未校準。對此，愛氏有一個極精簡的論證：

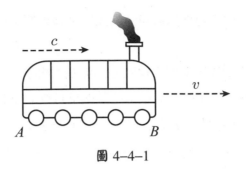

圖 4-4-1

　　從車尾 A 向車頭 B 放出一束光，（就月臺觀之）車身長 r。要是光速恆定，從月臺上看到的光和在火車上看到的光，速度一樣，因此從月臺上看光由 A 到 B，需時 $\dfrac{r}{c-v}$，而當 B 點隨即把光反射回 A，則需時 $\dfrac{r}{c+v}$，但是在火車上看，來回所需的時間當然一樣。接著在第三節，愛氏從上述火車尾到火車頭再反射回火車尾的光程，寫出一道方程式（假設 $x=t=0$ 時，$x'=t'=0$ 代表車尾）：

$$t'(vt,\, t) + t'(v(t+\frac{r}{c-v}+\frac{r}{c+v}),\, t+\frac{r}{c-v}+\frac{r}{c+v})$$
$$= 2t'(r+v(t+\frac{r}{c-v}),\, t+\frac{r}{c-v})$$

　　等式左邊第一項代表月臺看火車（尾）行走 t 秒時在車尾的時間，第二項代表在 t 秒放出一束光從車尾射到車頭再反射回車尾時在車尾的時間。等式右邊這項是在 t 秒放出一束光從車尾射到車頭時在車頭的時間的兩倍。整個式子代表火車上的同時性，並且和月臺上的觀察者聯繫。$t'(x,\, t)=ax+bt$，其中 a、b 有待推導。但是從上述式子，只能決定 a、b 的比值，是後續導出 a、b 比較繁複的原因。

愛氏後來在 1916 年出版了一本通俗的小冊子《相對論入門》。在這本小冊子的附錄，愛氏寫了一篇〈勞侖茲變換的簡單推導〉，可見當年六月論文第三節的推導不是那麼簡單。

——原載於《科學人》2017 年 12 月號——

參考文獻

相對論入門中譯本，譯者：李精益，臺灣商務印書館。

05 光經過重力場的偏折

愛因斯坦首次計算光通過太陽的偏折角度時，沒有
考慮長度收縮效應，得到一半的答案。

關於光通過太陽表面是否會偏折，這個議題在科學史上一向引人
注目。早先，牛頓在 1704 年出版的 《光學》(*Opticks*) 中提問，光經
過重力場時會不會因為重力的影響而偏折？我們知道牛頓曾提出光的
粒子說，只要光粒子有質量，不管大小，經過重力場時都會偏折。但
是牛頓僅止於提出問題，沒有做出任何結論。

到了 1801 年，德國天文學家馮索德拿 (Johann Georg von Soldner)
基於牛頓的重力理論，計算出光通過太陽表面的偏折角度是 0.84 弧秒
（1 弧秒是 1 度的 $\frac{1}{3600}$），但也僅止於計算，並未提出驗證方法。

這裡藉由泰勒 (Edwin F. Taylor) 和惠勒 (John Archibald Wheeler)
所著 《時空物理》 中的習題 2–13 的解題法，試著重現馮索德拿的計
算結果。

假設太陽表面是一平臺，長度為 D，是太陽的直徑。又假設太陽
造成的重力加速度是 g， 質量 m 的光粒子以光速 c 水平通過此一表
面，需時 $\frac{D}{c}$。此時，光粒子因太陽重力產生的下墜速度是 $g \times \frac{D}{c}$。如
圖 4–5–1。

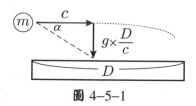

圖 4–5–1

如果偏折角度是 α（單位為弧度），因 α 很小，$\alpha \approx \dfrac{g \times \dfrac{D}{c}}{c} = \dfrac{gD}{c^2}$。

其中 $g = \dfrac{GM}{R^2}$，式中 G 是萬有引力常數，M 是太陽的質量，$R = \dfrac{D}{2}$ 是

太陽的半徑，因此 $\alpha = \dfrac{gD}{c^2} = \dfrac{GM}{R^2} \dfrac{2R}{c^2} = \dfrac{2GM}{Rc^2}$。讀者不妨把 G、M、R、

c 代入數值試算 α，會發現 α 其實非常小，數量級是 10^{-6}。再把 α 換

成以弧秒為單位，也就是乘以 $\dfrac{180}{\pi} \times 3600$，就會得到馮索德拿算出的

弧秒角度。

　　上述計算涉及的概念相當簡單。奇妙的是，愛因斯坦在 1911 年發表的論文中首次利用相對論做了計算，得到光通過太陽的偏折角度也是同樣結果：$\dfrac{2GM}{Rc^2}$，不過愛因斯坦的概念和計算複雜許多。

　　在這篇論文中，愛因斯坦首先闡述了光在重力場中的速度並非恆定，而是靠近重力場比較慢，遠離時比較快，因而有偏折的現象。圖 4–5–2 是改繪愛因斯坦在論文中所畫的圖，直線 E 代表波前，P_1 離太陽比較遠，P_2 比較近，光在 P_2 的速度比在 P_1 慢，因此波前 E 向上方進行到新的波前 E'，光產生了偏折。

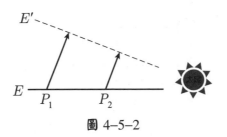

圖 4–5–2

愛因斯坦為什麼認為光在靠近重力場時的速度比較慢？1911 年，愛因斯坦思考了靠近重力場和遠離重力場的時鐘，發現前者走得比較慢。以圖 4–5–2 為例，當 P_2 的時鐘走了 1 秒，P_1 的時鐘可能走了 1.5 秒，所以 P_2 的光速比 P_1 較慢。如果 P_1 離太陽非常遠，則 P_1 可以視為一個慣性坐標系，在 P_1 測量的光速就是 c，而 P_2 的光速變成了 $\dfrac{c}{1.5}$。因此愛因斯坦做了一番計算，得出光的偏折角度是 $\dfrac{2GM}{Rc^2}$。

但愛因斯坦很快發現 $\dfrac{2GM}{Rc^2}$ 並不正確，其實靠近重力場時，也應該考慮長度收縮，也就是說，在 P_2 的光速其實會更慢。於是他在 1916 年的論文中基於廣義相對論的方程式重新計算，答案是原先的兩倍：$\dfrac{4GM}{Rc^2}$，約為 1.7 弧秒。

在 1911 年那篇論文中，愛因斯坦曾建議天文學家在日全食時觀察太陽附近的星光，以驗證偏折角度。但是這項觀測直到 1919 年 5 月 29 日的日全食，才由英國觀測團隊達陣，並且確認偏折角度是 $\dfrac{4GM}{Rc^2}$，而非基於牛頓理論的 $\dfrac{2GM}{Rc^2}$。

——原載於《科學人》2017 年 9 月號——

延伸閱讀

1. On the Influence of Gravitation on the Propagation of Light, Albert Einstein, in *Annalen Phys*, Vol. 35, pages 898–908, 1911.

2. The Foundation of the General Theory of Relativity, Albert Einstein, in *Annalen Phys*, Vol. 49, pages 769–822, 1916.

3. 本書篇 4　08 科學革命／宇宙新理論／拋棄牛頓的想法

06 如果超過光速？

為什麼不可能比光速更快？

　　2011 年 9 月底，義大利的格蘭沙索國家實驗室發現某些微中子的速度每秒達到 30 萬零 6 公里，每秒比光速快了 6 公里。雖然 2012 年春天已證實是烏龍一場，不過筆者（代號 R）與相對論的創始者（代號 E）曾有過一次虛擬訪談，與讀者分享如下。

R：有人認為如果實驗結果屬實，你的相對論就會垮臺？

E：我先澄清一點，這裡涉及的是我在 1905 年提出的狹義相對論。我寫了一篇論文〈論運動物體的電動力學〉刊載在當年德國《物理年鑑》的 9 月號，雖然導言裡提到磁棒和線圈間的相對運動，但接續的討論並不涉及電磁學，而是基於兩個假設：相對性原理和光速恆定原理。

R：據我所知，你從這兩個原理出發而得到了相互以等速運動的兩個系統之間的時空轉換公式，即現在通稱為勞侖茲變換的線性變換。

E：其實我所談論的坐標是所謂的慣性系統……

R：你覺得慣性系統真的存在嗎？

E：至少牛頓是認為存在的，否則他不會在《自然哲學的數學原理》中花那麼多篇幅討論絕對空間和絕對時間。我的理論只是單純討

論兩個互以等速運動的慣性坐標系對任何一個事件的描述，其坐標之間轉換的方式。我的立足點是相對性原理和光速恆定原理，而非絕對時空。

R：所以你一開始就假設有兩個互以等速運動的慣性系統 K 和 k？

E：是的。你想，兩個系統之間的坐標轉換是什麼意思？一個事件在 K 系統中是 (t, x, y, z)，在 k 系統中是 (t', x', y', z')，我必須說明如何將 t', x', y', z' 寫成 (t, x, y, z) 的函數，而相對性原理可以保證這個函數是線性的，亦即 t', x', y', z' 是以 t, x, y, z 的一次式表達。

R：在你提出相對論之前，K 系統與 k 系統之間是以伽利略變換 $x' = x - vt, t' = t$ 來聯繫的，這也是一種線性變換。

E：是的。因為相對性原理本來就是牛頓力學的核心，它的涵義是所有慣性系統中的物理定律都一樣。凡是保持直線等速運動特性的變換都必須是線性的，因為直線是以一次方程式描述，所以伽利略變換當然也是一次的，只不過其基礎是絕對時空，所以你可以看到 $t' = t$。

R：你提的勞侖茲變換 $x' = \dfrac{x - vt}{\sqrt{1 - \dfrac{v^2}{c^2}}}$、$t' = \dfrac{t - \dfrac{v}{c^2}x}{\sqrt{1 - \dfrac{v^2}{c^2}}}$，確實也是線性的。

E：相對性原理保證了線性的形式，但是決定 x、t 項的係數卻是基於光速恆定原理。在牛頓力學中，兩個坐標之間的聯繫是靠著絕對時空為媒介，而在狹義相對論中，這個媒介由「光速恆定」取代。

R：光速恆定是指無論在 K 系統或 k 系統中，真空中的光速都是每秒 299792458 公尺，不必考慮光源，但是為什麼不可以有比光速更快的物體？

E：你剛才不是寫下了 $t' = \dfrac{t - \dfrac{v}{c^2}x}{\sqrt{1 - \dfrac{v^2}{c^2}}}$ 這個轉換嗎？ 如果 K 系統觀察一

個物體的速度 w 比光速 c 大，比方說 $w = 1.1c$，假設 k 系統對 K

系統的速度是 $v = 0.99c$，也就是說 $vw > c^2$ 或 $\dfrac{vw}{c^2} > 1$，把這個物體

在 K 系統中的坐標 $x = wt$ 代入上式得到

$$t' = \frac{t - t\dfrac{vw}{c^2}}{\sqrt{1 - \dfrac{v^2}{c^2}}} = \frac{t(1 - \dfrac{v}{c^2}w)}{\sqrt{1 - \dfrac{v^2}{c^2}}}$$

你會發現 t' 變成負的，違背了時間的正向性。

　　我想指出一點：狹義相對論談論的對象是慣性坐標系，完全
不涉及重力，但是我們生活的世界是有重力的。1911 年 6 月我在
〈關於重力對光傳播的影響〉這篇論文中指出，靠近重力場的光
速比遠離重力場的光速要小一點， 也就是說在有重力的狀況下光
速並不是一個常數，而這也是我據以推測光經過太陽會偏折 1.7 弧
秒的原因。 你知道狹義相對論雖然是物理，但是它的理論架構很
數學，是基於相對性原理、 光速恆定原理和一些空間本身的對稱
性， 用很嚴謹的數學推論而得。 如果 2011 年 9 月的實驗結果屬
實，有可能是地球這個非慣性系統影響了什麼，那反而是廣義相
對論應該關心的議題。

——原載於《科學人》2012 年 8 月號——

07 狹義相對論簡記

自從愛因斯坦在 1905 年發表有關狹義相對論的論文（〈論運動物體的電動力學〉，德國《物理年鑑》(*Annalen der Physik*)，17 卷，*pp. 891–921*）❶之後，相關的討論無數，以下只是個人的讀書筆記。

本文共分兩節，第一節探討用以聯繫兩個互以等速運動的慣性系之間坐標變換的屬性，並以基礎數學證明這些變換必須是線性的。第二節用固有值及固有向量的想法來得到這些變換（勞侖茲變換）的基本形式，並指出第一節的結論主因「相對性原理」，第二節的結論主因「光速不變原理」，此二原理是愛因斯坦 1905 年論文的思想基礎：

(1)物理體系的狀態據以變化的定律，同描述這些狀態變化時所參照的坐標系究竟是用兩個在互相以等速移動的坐標系中的哪一個並無關係。

(2)任何光線在「靜止的」坐標系中都是以確定的速度 c 運動著，不管這道光線是由靜止的還是運動的物體發射出來的。

以上這兩段引文正是愛因斯坦據以發展狹義相對論的基礎，分別稱為相對性原理和光速不變原理。

一、線性變換的必然性

在第一節中,我們嘗試回答下列問題:

在狹義相對論中,用以聯繫兩個(互以等速運動的)慣性系之間的坐標變換,為什麼必須是線性的?

所謂線性,是指從一個慣性坐標系 $K(x, y, z, t)$ 轉換成另一個慣性坐標系 $k(x', y', z', t')$ 時,坐標之間的方程式必須是一次多項式的形式。回顧愛因斯坦 1905 年的論文,他對線性的論述如下:

> 對於完全地確定靜系中的一個事件的位置和時間的每一組值 x, y, z, t,對應有一組值 x', y', z', t',它們確定了那一事件對於坐標系 k 的關係,現在要解決的問題是求出聯繫這些量的方程組。
>
> 首先,這些方程顯然應當都是線性的,因為我們認為空間和時間是具有均勻性的[2]。

在宣稱時、空的均勻性 (homogeneity) 強制 $K(x, y, z, t)$ 和 $k(x', y', z', t')$ 之間的轉換必須服從線性之後,愛因斯坦對沿著對方 x'、x 軸,互相進行等速運動的 K、k 系統,在 y、z 軸和 y'、z' 軸保持平行的狀況下,從光速不變原理[3]推得下列方程式

$$\begin{cases} x' = \dfrac{x - vt}{\sqrt{1 - \dfrac{v^2}{c^2}}} \\[3mm] y' = y \\ z' = z \\ t' = \dfrac{t - \dfrac{v}{c^2}x}{\sqrt{1 - \dfrac{v^2}{c^2}}} \end{cases} \qquad (1)$$

式中 c 是光速，v 是 K、k 系統的相對速度，兩者均為常數。c、v 之外，所有變量均以一次出現。上式顯然滿足線性的要求，然而愛因斯坦並未對時空的均勻性和坐標轉換的線性條件其間的關係作進一步的解釋❹。必須指出，狹義相對論除了光速不變原理之外，還有一個設準 (Postulate)，即相對性原理 (Principle of Relativity)，此一原理主張在 $K(x, y, z, t)$ 和 $k(x', y', z', t')$ 中所見的物理定律是一致的，例如在 $K(x, y, z, t)$ 所見的等速直線運動，在 $k(x', y', z', t')$ 看來也是等速直線運動，又例如，兩物體對 K 系看來速度相等，則對 k 系看來也必須速度相等❺。在仔細的考察了牛頓運動第一定律之後，我們認為相對性原理正是慣性系 $K(x, y, z, t)$ 和慣性系 $k(x', y', z', t')$ 之間的轉換必須服從線性的主要原因，以下是我們對此一看法的證明。

首先，若是對一個事件，K 系紀錄為 (x, y, z, t) 而 k 系紀錄為 (x', y', z', t')，則將 (x, y, z, t) 到 (x', y', z', t') 的轉換記為 T，並將 T 看成是從 $\mathbb{R}^4$ 到 $\mathbb{R}^4$ 的一一對應，不妨假設 $T(0, 0, 0, 0) = (0, 0, 0, 0)$。

若是在 K 系中有一等速直線運動 $(\vec{a} + t\vec{e}, t)$，時間參數為 t，三維速度向量為 $\vec{e}$，$t = 0$ 時位置在 $\vec{a}$，則經由 T 的轉換，根據相對性原理，

必然是 k 系的等速直線運動 $(\vec{a'}+t\vec{e'},\ t')$。此外若是在 K 中有相同速度 $\vec{e}$ 的兩個等速直線運動，則在 k 中所見亦具有相同的速度 $\vec{e'}$。換句話說，T 將 $\mathbb{R}^4$ 中的直線對到 $\mathbb{R}^4$ 中的直線，並且將互相平行的直線對到互相平行的直線❻。其次，由於 T 要保持時間的連續性和單調性，因此 T 在將直線對到直線時，在直線上看來，T 是連續的。

　　從上述 T 的「直線屬性」，我們分四個步驟來證明 T 一定是線性變換。

步驟一. 設 T 將直線 L 對到直線 L'，P、Q 是 L 上的兩點，則 T 將 $\overline{PQ}$ 的中點對到 $\overline{T(P)T(Q)}$ 的中點。

證

如圖 4–7–1，慎選 M 和 N 兩條直線分別過 P、Q 兩點，並且與 L 形成一個三角形，假設 T 將 M 和 N 分別對到直線 M' 和 N'。

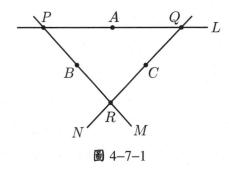

圖 4–7–1

　　在三角形三邊上各取中點 A、B、C。由於 T 的單調性，P、A、Q（Q、C、R 及 R、B、P）的順序在 T 對應之下不變，因此得到一個三角形及其邊上的三點如圖 4–7–2。

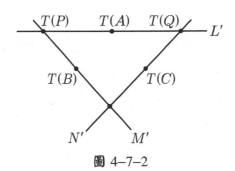

圖 4–7–2

　　注意到 $\overline{AB}$、$\overline{BC}$、$\overline{CA}$ 分別和 N、L、M 平行，這樣的性質當然也轉換成 $\overline{T(A)T(B)}$、$\overline{T(B)T(C)}$、$\overline{T(C)T(A)}$ 分別和 N'、L'、M' 平行，易證 $T(A)$ 必是 $\overline{T(P)T(Q)}$ 的中點。

步驟二. 設直線 L 過原點 $\vec{O}=(0,0,0,0)$，L 上的點看成（四維）向量，並設 T 將直線 L 對到直線 L'，則 $T:L\to L'$ 滿足線性條件。

證

設 $\vec{V}$ 是 L 上的（四維）向量 $T(\vec{V})=\vec{V'}$，$0<\lambda<1$，則因 $\vec{O}$ 和 $\vec{V}$ 之間的所有二分點均依序對到 $\vec{O'}$ 和 $\vec{V'}$ 之間的二分點。又因 T 在 L 上是連續的，所以 $T(\lambda\vec{V})=\lambda\vec{V'}$。今考慮 $\dfrac{1}{\lambda}\vec{V}$，則因 $\vec{V}=\lambda(\dfrac{1}{\lambda}\vec{V})$ 而 $T(\vec{V})=\vec{V'}$ $=\lambda(\dfrac{1}{\lambda}\vec{V'})$，類似的論證得到 $T(\dfrac{1}{\lambda}\vec{V})$ 必定是 $\dfrac{1}{\lambda}\vec{V'}$。另一方面，$-\vec{V}$ 和 $\vec{V}$ 的中點是 $\vec{O}$，所以 $T(-\vec{V})$ 也一定是 $-\vec{V'}$，同理，$T(-\lambda\vec{V})=\lambda T(-\vec{V})$ $=-\lambda\vec{V'}$，滿足線性條件。

步驟三. 設 A、B 為 $\mathbb{R}^4$ 中的兩點，$\overline{AB}$ 的中點為 C，則 $T(C)$ 是 $\overline{T(A)T(B)}$ 的中點。

證

如圖 4–7–3，慎選四直線 E、F、G、H，$E /\!/ F$，$G /\!/ H$，E、G 過 A，F、H 過 B，假設 T 將 E、F、G、H 分別均對到直線，並且要求 E、F、G、H 構成一個平行四邊形。

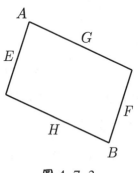

圖 4–7–3

在此平行四邊形各邊取中點，連成一個（歪）田字型，如圖 4–7–4。

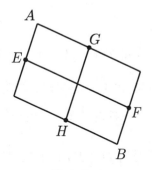

圖 4–7–4

由於田字的中心即 $\overline{AB}$ 的中點 C，又因為 T 保持平行線和各邊上的中點，所以 $T(C)$ 一定是 $\overline{T(A)T(B)}$ 的中點。

步驟四. 設二直線 L、M 均過原點，T 將 L、M 對到直線，$\vec{V}$、$\vec{W}$ 分別是其上（四維）向量，則 $T(\vec{V} + \vec{W}) = T(\vec{V}) + T(\vec{W})$。

$\vec{V}+\vec{W}$ 是 $2\vec{V}$ 和 $2\vec{W}$（端點）連線段的中點。由步驟三，T 保持中點，所以

$$T(\vec{V}+\vec{W}) = \frac{1}{2}[T(2\vec{V})+T(2\vec{W})]$$

再由步驟二，T 滿足直線上的線性關係，因此上式的右邊等於

$$\frac{1}{2}[2T(\vec{V})+2T(\vec{W})] = T(\vec{V})+T(\vec{W})$$

為了具體呈現 T 的形式，我們作進一步的解釋。首先，我們在 $\mathbb{R}^4$ 中選四條過原點並且線性獨立的直線，例如

$$E : (t\vec{e},\ t) = t(\vec{e},\ 1)$$
$$F : (t\vec{f},\ t) = t(\vec{f},\ 1)$$
$$G : (t\vec{g},\ t) = t(\vec{g},\ 1)$$
$$H : (t\vec{h},\ t) = t(\vec{h},\ 1)$$

式中 t 代表時間，$\vec{e},\ \vec{f},\ \vec{g},\ \vec{h}$ 是三維向量，代表等速直線運動的速度，相關的四個四維向量 $\vec{a}=(\vec{e},\ 1),\ \vec{b}=(\vec{f},\ 1),\ \vec{c}=(\vec{g},\ 1),\ \vec{d}=(\vec{h},\ 1)$ 構成 $\mathbb{R}^4$ 一組基底。將標準基底 $(1,0,0,0)$、$(0,1,0,0)$、$(0,0,1,0)$、$(0,0,0,1)$ 以 $\vec{a},\ \vec{b},\ \vec{c},\ \vec{d}$ 的線性組合表示，例如 $(1,0,0,0)=\alpha\vec{a}+\beta\vec{b}+\gamma\vec{c}+\delta\vec{d},\ (0,1,0,0)=\cdots$，等等。

再將 $(1,0,0,0)$、$(0,1,0,0)$、$(0,0,1,0)$、$(0,0,0,1)$ 對 $\vec{a},\ \vec{b},\ \vec{c},\ \vec{d}$ 的線性組合表示帶入下式：

$$(x,\ y,\ z,\ t) = x(1,0,0,0)+y(0,1,0,0)+z(0,0,1,0)+t(0,0,0,1)$$

整理後得到

$$(x,\ y,\ z,\ t) = \xi\vec{a}+\eta\vec{b}+\zeta\vec{c}+\tau\vec{d}$$

其中 $\xi = \xi(x, y, z, t)$, $\eta = \eta(x, y, z, t)$, $\zeta = \zeta(x, y, z, t)$, $\tau = \tau(x, y, z, t)$ 均為 x, y, z, t 的一次式。由步驟二及步驟四可得：

$$T(x, y, z, t) = \xi T(\vec{a}) + \eta T(\vec{b}) + \zeta T(\vec{c}) + \tau T(\vec{d})$$

再將等號右邊的 $T(\vec{a})$, $T(\vec{b})$, $T(\vec{c})$, $T(\vec{d})$ 依坐標順序寫成 $(*, *, *, *)$ 的形式而有

$$T(x, y, z, t) = (p, q, r, s)$$

式中 p, q, r, s 均為 ξ, η, ζ, τ 的一次式，因此可以再改寫為 x, y, z, t 的一次式，而 (p, q, r, s) 即坐標轉換後的 (x', y', z', t')。

　　至此，已完整的回答本節一開始提出的問題：「在相對性原理之下，用以聯繫兩個互以等速運動的慣性系 $K(x, y, z, t)$ 和 $k(x', y', z', t')$ 之間的變換一定是線性的，亦即 x', y', z', t' 均表為 x, y, z, t 的一次多項式。」

二、從光速不變原理證明勞侖茲變換

　　基於相對性原理及慣性定律，我們已經證明 $K(x, y, z, t)$ 和 $k(x', y', z', t')$ 之間的轉換是線性的。假設 K 和 k 系在時間 $t = 0 = t'$ 時，x、y、z 軸分別與 x'、y'、z' 軸重合，k 系並且以等速 v 沿 x 軸運動，因此 x 和 x' 軸始終保持重合。

　　先看 y、z 和 y'、z' 軸，在時間 $t = 0 = t'$ 時，它們重合，因此在 k 系向右沿 x (x') 軸運動時，y' 和 y 軸，z' 和 z 軸始終保持平行。原因是 $y'z'$ 平面、yz 平面均與 x (x') 軸垂直，y' 和 z' 如果所指的方向改變，就會違背 xyz 空間自身的對稱性。

再者，$x'z'$ 平面和 xz 平面重合，注意到兩者的方程式分別為 $y'=0$ 和 $y=0$，因此在坐標變換時，y' 應該等於 $dy, d>0$。這表示在 K 系所見 y 方向的長度若是 L，則在 k 系所見的長度為 dL，基於對稱的理由，d 必須為 1。我們因此首先得到 K 和 k 系變換的兩個方程式：

$$y'=y,\ z'=z$$

由於 k 系過原點的 $y'z'$ 平面滿足 $x'=0$ 和 $x=vt$，所以 x' 與 $x-vt$ 僅差一個常數倍 $x'=\alpha(x-vt)$，這表示 x' 與 y、z 無關。

至於 t'，如果 $t'=\beta x+\gamma t+by+ez$，注意到 K、k 兩系統在垂直於 $x\ (x')$ 的方向上（即 yz、$y'z'$ 平面）有一個繞 $x\ (x')$ 的旋轉對稱，但是 $by+ez=0$ 代表 yz 平面上的直線而非代表圓或點，因此 $by+ez$ 並非旋轉不變，除非 $b=e=0$。

結論是 x'、t' 僅與 x、t 有關。再從光速不變原理，$x-ct=0$ $(x+ct=0)$ 和 $x'-ct'=0\ (x'+ct'=0)$ 等價，因此有❼

$$\begin{cases} x'-ct'=A\cdot(x-ct) \\ x'+ct'=B\cdot(x+ct) \end{cases} \tag{2}$$

讀者不難發現，如此利用光行路線在 K、k 系統中的不變性，正是以求固有值和固有向量的方式來求解矩陣。

將 $x'=0, x=vt$ 代入(2)得到

$$-ct'=A\cdot(v-c)t,\ ct'=B\cdot(v+c)t$$

兩式相除 $\dfrac{A}{B}=\dfrac{c+v}{c-v}$。

我們還需要一個條件才能決定固有值 A、B，決定的方式仍然是充分利用光速不變原理來聯繫 K 和 k 系。現在，在 $k(0', 0', 0')$ 向 $y'\ (y)$ 方向放一束光，經過 t' 秒後到達 P 點，K 系中所見如圖 4-7-5。

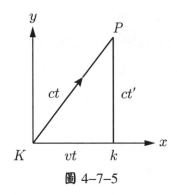

圖 4-7-5

　　在 k 和 K 系中，P 點的坐標分別是 $(t', 0, ct', 0)$ 和 $(t, vt, ct', 0)$，由畢氏定理得到

$$c^2t^2 - v^2t^2 = c^2t'^2$$

將相關的坐標代入(2)式

$$-ct' = A \cdot (vt - ct),\ ct' = B \cdot (vt + ct)$$

兩式相乘得到

$$c^2t'^2 = A \cdot B \cdot (c^2t^2 - v^2t^2)$$

而有 $AB = 1$。

　　再從 $\dfrac{A}{B} = \dfrac{c+v}{c-v}$，可以算出

$$A = \sqrt{\frac{c+v}{c-v}},\ B = \sqrt{\frac{c-v}{c+v}}$$

將 A、B 的值代回(2)：

$$\begin{cases} x' - ct' = \sqrt{\dfrac{c+v}{c-v}}\,(x - ct) \\[2mm] x' + ct' = \sqrt{\dfrac{c-v}{c+v}}\,(x + ct) \end{cases}$$

(3)

並將(3)中兩式分別相加減再除以 2 或 2c 就得到

$$\begin{cases} x' = \dfrac{x - vt}{\sqrt{1 - \dfrac{v^2}{c^2}}} \\[3em] t' = \dfrac{t - \dfrac{v}{c^2}x}{\sqrt{1 - \dfrac{v^2}{c^2}}} \end{cases} \qquad (4)$$

搭配 $y' = y$、$z' = z$，此即 K 與 k 系之間的坐標變換。若將(4)中的 x、t 以 x'、t' 反解：

$$\begin{cases} x = \dfrac{x' + vt'}{\sqrt{1 - \dfrac{v^2}{c^2}}} \\[3em] t = \dfrac{t' + \dfrac{v}{c^2}x'}{\sqrt{1 - \dfrac{v^2}{c^2}}} \end{cases} \qquad (5)$$

這相當於將(4)中的 v 換成 $-v$，x、t 與 x'、t' 互換，(5)稱為(4)的逆變換。

　　期望本文能夠提供讀者在學習狹義相對論時一個簡潔清晰的參考。

——原載於《數學傳播》2013 年 37 卷 1 期——

附註

❶中譯本請見《愛因斯坦文集　第二卷》，新竹凡異出版社。英譯請見 *The Principle of Relativity*, Dover Publications, Inc., 1952.

❷引文中的靜系指 K，只是方便的稱呼，事實上 K 和 k 均無法察覺自己究竟是處於靜止還是等速運動，因為它們都是慣性坐標系。此處的 x', y', z', t' 原文是用 ξ, η, ζ, τ。

❸光速不變原理 (Principle of the constancy of the speed of light) 是指光在任意慣性系中都是以確定的速率 c 運動，不論光源對此慣性系是靜止還是作等速運動。

❹⑴這組坐標轉換式稱為勞侖茲變換，證明見本文的第二節。

❺相對性原理保證牛頓運動第一定律（在一慣性系中，若無外力作用，靜者恆靜，動者保持等速運動）在 K 和 k 系中均成立，並且保證在 K 系中若見兩物體速度相等 ，則在 k 系中所見兩物體的速度也相等。注意此處所謂的速度是指速度向量，並非僅指速率。

❻雖然在狹義相對論中，由於光速不變原理，所有運動體的速率必須小於光速 ，因此等速直線運動所涉及的 $\mathbb{R}^4$ 中的直線並非直線的全體，但是已經足夠用來提供 T 是線性的證明。

❼亦即將 (x, t) 及 (x', t') 分別作變數變換 $(x-ct, x+ct)$ 及 $(x'-ct', x'+ct')$ 來表達 T。

08 科學革命／宇宙新理論／拋棄牛頓的想法

1919/11/7　　　倫敦泰晤士報　　　張海潮　譯

11月6日下午，英國皇家學會和天文學會在皇家學會的會議廳舉行了一場聯席會議，討論5月29日日全食發生當天，英國觀測隊觀測的結果。

由於大家都期望對基礎物理問題不同的觀點，能夠透過實驗來檢測真偽，因此引發科學圈對昨日之會極大的興趣，出席的天文和物理學家異常踴躍。

根據皇家學會主席的報告，大家相信此次觀測對知名物理學家愛因斯坦的預測有決定性的確認，可以說是自海王星發現以來最引人注目的科學事件。但是也有不同的聲音表示科學界對此一觀測的結果究竟是視為一個新的、尚未解釋的現象，還是認為是一個足以完全推翻舊有物理基礎的新理論，不無商榷的餘地。

皇家天文院士戴森爵士描述了分別前往北巴西 Sobral 和西非 Principe 島兩支觀測隊伍的工作。如果日全食當天，天氣許可的話，

就可以全程拍攝一組被月球遮蔽之後，全黑的太陽附近一批閃耀星星的照片。此一工作的目的是要確定這些星光向我們而來的時候，究竟是一直線向前，無視於太陽的存在，還是因為太陽而有所偏折，並且如果偏折，則偏折的角度為何。因為如果偏折的話，在底片上星星的位置會與它理論上出現的位置有一段可見的距離。他仔細解釋了觀測的儀器，誤差的修正，和比較星星拍攝位置與理論位置差異所用的方法。他向大會保證確有偏折，偏折的角度和愛因斯坦理論所預測的相符，而非以牛頓理論計算的結果，後者計算的結果是愛因斯坦預測的一半。

值得注意的是，Lodge 爵士 1918 年 2 月在皇家學會的演講，他當時懷疑光經過太陽會產生偏折，並且大膽的預測即使偏折發生，偏折的角度一定是符合牛頓而非愛因斯坦。

緊接皇家天文院士的發言，兩位觀測隊長 Andrew Crommelin 博士和愛丁頓教授，針對他們的工作，作了有趣的報告，同時從每一個角度確認之前已清楚說明的一般性結論。

重要宣布

至此，事態已經清楚，但是在討論開始時，與會者顯然對此一觀測結果在理論上的興趣遠大於觀測結果本身。即使是主席本人，在說明當下大家所見如非人類思想史上最重大的宣告，至少也是最重大的宣告之一時，不得不承認從來無人能夠清楚的解說愛因斯坦的理論。但是大家都理解愛因斯坦從理論出發，所作的三個預測。

　　第一個是關於水星運動的預測，已經被證實了。第二個是關於通過太陽的光線會有一定程度的偏折，也已經被證實了。至於第三個關於光譜位移的觀測，則尚未分曉。但是主席本人相信愛因斯坦的理論必將從基礎上改變我們對宇宙結構的看法。

　　正當大家熱切想聆聽 Lodge 爵士對此事的看法時，Lodge 卻已離開了會場。

　　後續的發言者皆向觀測者祝賀並表示接受他們的結果。但是，也有如劍橋的 Newell 教授，對會議的推論全盤接受表示遲疑，並且提出光線偏折是否可能源自於一般未可知的太陽氣流。

　　此段發言之後，再也沒有人給出任何非數學的清楚說明。

扭曲的空間

　　簡言之，牛頓原理主張空間是處處均勻不變的，比方說，不管在何處，任意三角形的三內角和永遠等於 180°。但是這樣的看法其實是來自於在地面上觀察到三角形三內角和等於 180° 和觀察到圓確實是圓。但是似乎有一些物理現象質疑上述觀察的普遍性，而認為在某些狀況下，空間可能是扭曲的，例如，因為重力導致空間本身的位移而影響觀測的儀器和被觀測的物件。愛因斯坦學說相信過去一直認為本質上是絕對的空間，其實是受周遭影響的相對空間。愛因斯坦從他的理論導出在某些情形下空間的扭曲會表現在測量由計算而預測的光線偏折角度。他的三個預測已有兩個證實，但是是否可以從對這些預測的證實來證明導出這些預測的理論為真？仍有討論的空間。

附錄

01 橢圓的曲率公式和萬有引力的平方反比規律

張海潮、莊正良　著

一、導言

　　牛頓 (1643～1727) 在 1687 年出版《自然哲學的數學原理》(或稱《原理》)。牛頓先在書中第一卷第二章的命題 1 和 2 證明了克卜勒的面積律等價於行星繞日是因為受到太陽的向心（吸引）力。接著在同卷第三章的命題 11 證明從克卜勒的橢圓律可以推得行星受太陽的吸引力（或向心加速度）與行星到太陽距離的平方成反比，比例常數是 $4\pi^2 \dfrac{a^3}{p^2}$，式中 a 是橢圓軌道的半長軸，p 是行星繞日的週期。由於克卜勒的週期律說 $\dfrac{a^3}{p^2}$ 對太陽系中任一行星均為定值，因此而有萬有引力之萬有一詞[❶]。

　　本文最主要的目的在從橢圓的曲率公式重新說明橢圓軌道與距離平方反比規律的關聯，有別於牛頓在《原理》中的方法，見本文[❷]及三、四節。

二、平面曲線的曲率、曲率半徑及物理意義

　　本節定義平面曲線的曲率,並透過計算解釋曲率半徑的物理意義,如圖 A–1–1。

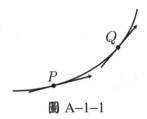

圖 A–1–1

　　從 P 到 Q,曲線的切線方向代表質點瞬間的速度方向,切線之間的夾角對弧長的變率即為曲率,以半徑為 R 的圓為例,如圖 A–1–2。

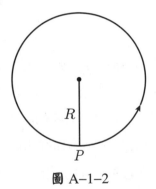

圖 A–1–2

　　圓從 P 點循逆時針回到 P 點,角度總變化量是 2π,經歷的弧長是 $2\pi R$,兩者相除得曲率等於 $\dfrac{1}{R}$,此為對稱的情形。若是一般曲線,曲率會逐點變化;今以 κ 表曲率,仿圓的情形,另定義曲率半徑 ρ 為 $\dfrac{1}{\kappa}$。

現以 $(x(t), y(t))$ 表平面參數曲線，速度（切）向量為 $V = (\dfrac{dx}{dt}, \dfrac{dy}{dt})$，

加速度向量為 $A = \dfrac{dV}{dt} = (\dfrac{d^2x}{dt^2}, \dfrac{d^2y}{dt^2})$。弧長微量單位

$$ds^2 = dx^2 + dy^2$$

或

$$(\dfrac{ds}{dt})^2 = (\dfrac{dx}{dt})^2 + (\dfrac{dy}{dt})^2 = V \cdot V$$

或

$$\dfrac{ds}{dt} = |V| = \text{向量 } V \text{ 的長度} \tag{1}$$

今考慮單位切向量 $T = \dfrac{V}{|V|}$ ，並以 $(\cos\theta, \sin\theta)$ 表 T ，θ 即 T 的方向

（角度），曲率 κ 即 $\dfrac{d\theta}{ds}$ 。

$$T = (\cos\theta, \sin\theta)$$

$$\dfrac{dT}{ds} = (-\sin\theta\dfrac{d\theta}{ds}, \cos\theta\dfrac{d\theta}{ds})$$

亦即

$$\left|\dfrac{dT}{ds}\right| = \dfrac{d\theta}{ds} = \kappa \text{（取正）} \tag{2}$$

將 $T = \dfrac{V}{|V|}$ 代入

$$\dfrac{dT}{ds} = \dfrac{d(\dfrac{V}{|V|})}{ds} = \dfrac{|V|\dfrac{dV}{ds} - V\dfrac{d|V|}{ds}}{|V|^2} \tag{3}$$

但 $\dfrac{dV}{ds} = \dfrac{dV}{dt} \cdot \dfrac{dt}{ds} = A\dfrac{dt}{ds}$ ，由(1) $\dfrac{dV}{ds} = \dfrac{A}{|V|}$ 代入(3)得

$$\frac{dT}{ds} = \frac{A - V\frac{d|V|}{ds}}{|V|^2} \tag{4}$$

注意到 $\frac{dT}{ds}$ 和 T 垂直，因此 $\frac{dT}{ds}$ 也和 V 垂直，所以由(2)、(4)

$$\left|\frac{dT}{ds} \times V\right| = |V|\varkappa = \frac{|A \times V|}{|V|^2}$$

或

$$\varkappa = \frac{|A \times V|}{|V|^3} \tag{5}$$

接著，從 $\varkappa = \frac{|A \times V|}{|V|^3}$ 來看曲率半徑的物理意義如圖 A–1–3，V 為速度

（切）向量，A 為加速度向量，A, V 夾角為 ε，虛線垂直 V，為法線

方向，$\varkappa = \frac{1}{\rho}$，$\rho$ 為曲率半徑，由(5)

$$\rho = \frac{|V|^3}{|A \times V|} = \frac{|V|^3}{|A||V|\sin\varepsilon}$$

或

$$|A|\sin\varepsilon = \frac{|V|^2}{\rho} \tag{6}$$

亦即速度的平方除以曲率半徑會等於法線方向的加速度，等速圓周運

動時，$\angle\varepsilon = 90°$，(6)相當於 $|A| = \frac{|V|^2}{\rho}$，ρ 是圓運動的半徑❸。

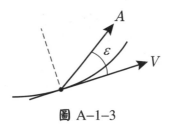

圖 A–1–3

三、橢圓曲率與平方反比規律

如圖 A–1–4，行星在橢圓上運動，服從面積律。

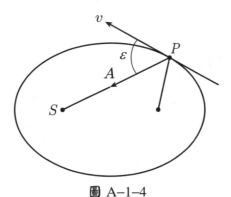

圖 A–1–4

行星受到的向心加速度為 A，假定 A 服從平方反比規律：

$$A = C \cdot \frac{1}{\overline{SP}^2}，C 為比例常數$$

兩邊同乘 $\sin \varepsilon$，得

$$A \sin \varepsilon = C \cdot \frac{\sin \varepsilon}{\overline{SP}^2}$$

$$= C \cdot \frac{\sin^3 \varepsilon v^2}{\overline{SP}^2 v^2 \sin^2 \varepsilon}$$

分母 $\overline{SP}^2 v^2 \sin^2 \varepsilon$ 由於面積律，會是一個常數 D，因此

$$A \sin \varepsilon = \frac{C}{D} \cdot \sin^3 \varepsilon \cdot v^2 \qquad (7)$$

但是因為由上一節公式(6)

$$A \sin \varepsilon = \frac{v^2}{\rho} \text{，} \rho \text{ 為曲率半徑}$$

或

$$A \sin \varepsilon = v^2 \kappa, \ \kappa \text{ 為曲率}$$

與(7)比較發現，如果 A 滿足距離平方反比，則

$$\kappa = \frac{C}{D} \cdot \sin^3 \varepsilon \qquad (8)$$

反之，如果知道橢圓的曲率 κ 正比於 $\sin^3 \varepsilon$，則同樣由上一節公式(6)，曲率半徑的物理意義，

$$A \sin \varepsilon = \frac{v^2}{\rho} = v^2 \kappa \sim v^2 \sin^3 \varepsilon$$

因此　　　$$A \sim v^2 \sin^2 \varepsilon = \frac{v^2 \sin^2 \varepsilon \overline{SP}^2}{\overline{SP}^2}$$

同樣由面積律得知，$v^2 \sin^2 \varepsilon \overline{SP}^2$ 是常數，故

$$A \sim \frac{1}{\overline{SP}^2}$$

此即平方反比規律，由此可見，平方反比規律和橢圓律的關係其實是在於對橢圓曲率的掌握，亦即曲率與 $\sin^3 \varepsilon$ 成正比[4]。

四、橢圓曲率公式的計算

雖然在不同的場合，我們均看到橢圓曲率公式的證明[5]

$$\kappa \sim \sin^3 \varepsilon$$

但是這些證明多半比較迂迴。例如在 《古代天文學中的幾何方法》

pp. 190–192，作者利用 $(a\cos t,\, b\sin t)$ 這個參數式來作計算，過程冗長。在本節中，我們要從曲率的定義，光學性質以及焦切距乘積定理來計算 κ，我們認為這個辦法比較直接，並且較能彰顯橢圓曲率的本質。橢圓的光學性質，大家都很熟悉，不必多言。以下先介紹焦切距乘積定理。

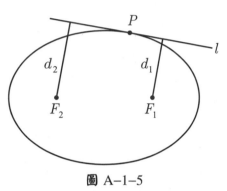

圖 A–1–5

═══ 定理 ═══

焦切距乘積定理

如圖 A–1–5，過橢圓上一點 P 的切線 l，自焦點 F_1 和 F_2 分向 l 作垂線段，其長度分別為 $d_1,\, d_2$，則 $d_1 d_2 = b^2$，式中 b 是橢圓的半短軸（證明❺）。

我們現在從定義來看橢圓的曲率，如圖 A–1–6，F_1, F_2 為焦點。

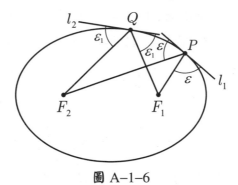

圖 A–1–6

從 P 點走到 Q 點，切線 l_1 和 l_2 有一角度差，此一角差除以弧長 $\widehat{PQ}$，再取極限 $Q \to P$，即為 P 點之曲率。但 l_1, l_2 之角差可以用在 Q, P 點之法線（與切線垂直）角差來計算。由光學性質可知，此法線實乃相關角度之分角線，如圖 A–1–7。

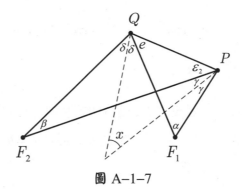

圖 A–1–7

兩條虛線分別為 P, Q 角之分角線，則

$$\pi = x + \gamma + \varepsilon_2 + e + \delta$$
$$\pi = \alpha + 2\gamma + \varepsilon_2 + e$$
$$\pi = \beta + 2\delta + e + \varepsilon_2$$

由上三式可見 $2x = \alpha + \beta$ 或 $x = \dfrac{1}{2}(\alpha + \beta)$，$x$ 是兩分角線之角差，亦

為過 P, Q 兩切線之角差。我們要計算 $\lim\limits_{Q \to P} \dfrac{x}{\overset{\frown}{PQ}} = \kappa$，$\overset{\frown}{PQ}$ 表 P, Q 間的弧

長。

　　圖 A–1–7 中的 $\angle e$ 和 $\angle \varepsilon_2$ 在 $Q \to P$ 時，均趨近圖 A–1–6 中的

$\angle \varepsilon$。如圖 A–1–7，在 $\triangle F_1PQ$ 中，由正弦定律，有

$$\frac{\sin \alpha}{\overline{PQ}} = \frac{\sin e}{\overline{PF_1}} \qquad (9)$$

而在 $\triangle F_2PQ$ 中，亦由正弦定律，有

$$\frac{\sin \beta}{\overline{PQ}} = \frac{\sin(2\delta + e)}{\overline{PF_2}} \qquad (10)$$

$(9) + (10)$

$$\frac{\sin \alpha + \sin \beta}{\overline{PQ}} = \frac{\sin e}{\overline{PF_1}} + \frac{\sin(2\delta + e)}{\overline{PF_2}} \qquad (11)$$

由於

$$\frac{\sin \alpha + \sin \beta}{\alpha + \beta} = \frac{2 \sin \dfrac{\alpha + \beta}{2} \cos \dfrac{\alpha - \beta}{2}}{\alpha + \beta} \text{ 和 } \frac{\overline{PQ}}{\overset{\frown}{PQ}}$$

在 $Q \to P$ ($x \to 0$ 或 $\alpha, \beta \to 0$) 時均趨近於 1，而同時圖 A–1–7 的 $\angle e$

趨近於圖 A–1–6 的 $\angle \varepsilon$，$\angle(2\delta + e)$ 趨近於圖 A–1–6 的 $\angle(\pi - \varepsilon)$，因此

在 $Q \to P$ 時，(11) 的極限是

$$\lim_{P \to Q} \frac{\alpha + \beta}{\overset{\frown}{PQ}} = \frac{\sin \varepsilon}{\overline{PF_1}} + \frac{\sin \varepsilon}{\overline{PF_2}}$$

或

$$2\varkappa = \sin \varepsilon \left(\frac{1}{\overline{PF_1}} + \frac{1}{\overline{PF_2}} \right) = \sin \varepsilon \cdot \frac{2a}{\overline{PF_1} \cdot \overline{PF_2}}$$

或

$$\varkappa = \frac{a \sin \varepsilon}{\overline{PF_1} \cdot \overline{PF_2}}, \ a \ 為半長軸 \tag{12}$$

如圖 A–1–8

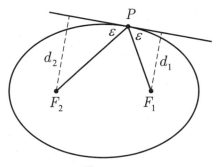

圖 A–1–8

由 $\overline{PF_1} = \dfrac{d_1}{\sin \varepsilon}$ 及 $\overline{PF_2} = \dfrac{d_2}{\sin \varepsilon}$，代入(12)得

$$\varkappa = \frac{a \sin^3 \varepsilon}{d_1 d_2}$$

再由焦切距乘積定理❺，$d_1 d_2 = b^2$，因此得到曲率公式

$$\varkappa = \frac{a}{b^2} \cdot \sin^3 \varepsilon \tag{13}$$

　　由第三節，此一公式可推導出太陽對行星的吸引力服從平方反比的規律。

五、結語

　　牛頓在《原理》中從橢圓律推出引力的平方反比規律，並未使用橢圓的曲率公式，但卻用了許多橢圓的性質，例如：共軛直徑乘積定理。

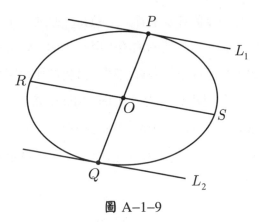

圖 A–1–9

對橢圓而言,任一過中心的弦均稱為直徑,如圖 A–1–9,$\overline{POQ}$ 為一直徑,L_1 和 L_2 為過 P, Q 兩點的切線,則可證得 $L_1 /\!/ L_2$,且過 O 與 $L_1 (L_2)$ 平行之直徑 $\overline{RS}$ 為直徑 $\overline{PQ}$ 之共軛直徑。反之,亦可證得 $\overline{PQ}$ 為 $\overline{RS}$ 之共軛直徑。

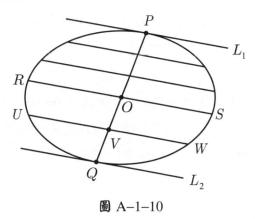

圖 A–1–10

所謂共軛直徑乘積定理指的是,如圖 A–1–10,凡與 $\overline{PQ}$ 之共軛直徑 $\overline{RS}$ 平行之弦,如 $\overline{UVW}$,則必有 $\overline{UV} = \overline{VW}$,且 $\dfrac{\overline{UV}^2}{\overline{PV} \cdot \overline{VQ}}$ 是一定值,與 V 之位置無關。現在利用伸縮線性變換來看此一定理並不困難,但

在牛頓的時代，想必難倒許多學者。牛頓在《原理》第一卷第三章命題 11，從橢圓律推得平方反比的論證，用了包括共軛直徑和橢圓其他的性質，非常難懂。所以後人多有注釋或另起爐灶企圖簡化牛頓的證明。其中值得一提的是馬克斯威爾 (Clerk Maxwell, 1831～1879) 在著作 *Matter and Motion* 一書 pp. 108 – 109 頁利用本文提到焦切距乘積定理❺證明了橢圓律可以推得平方反比規律，他結論如下 (*Matter and Motion*, p. 109)：

> "Hence the acceleration of the planet is in the direction of the sun, and is inversely as the square of the distance from the sun."

另一位終其生寫 *Newton's Principia for the Common Reader* 的學者 S. Chandrasekhar (1910～1995)，在書中 p. 110 認為牛頓知道橢圓曲率扮演的角色，他說（ρ 為曲率半徑）：

$$\rho \sim \csc^3 \varepsilon$$

That Newton must have known this relation requires no argument!

在本文中，我們並沒有考證牛頓是否知道這個曲率（半徑）公式，而是提出了一個看起來更直接的證明，希望讀者欣賞。

——原載於《數學傳播》2016 年 40 卷 2 期——

附註

❶克卜勒 (1571～1630) 發現的行星三大定律是

　1.橢圓律：行星繞日的軌道是一橢圓，太陽位居一焦點。

　2.面積律：行星繞日時，在單位時間，行星與太陽連線段所掃過的
　　　　　　面積是一常數。

　3.週期律：在太陽系中，任一行星繞日軌道半長軸的立方和繞日週
　　　　　　期的平方之比是一常數，與個別的行星無關。

本文引用《原理》的中譯本（譯者王克迪，臺北大塊文化出版社）。
第一卷第二章之命題 1, 2 見《原理》，pp. 57–59，第一卷第三章的
命題 11 見《原理》，pp. 71–72。由於力 F 與加速度 A 成正比，所
以本文均以（向心）加速度 A 代表（向心）力，牛頓所證乃

$$A = 4\pi^2 \frac{a^3}{p^2} \frac{1}{r^2}$$

式中 r 為行星與太陽之距離，a 為橢圓軌道之半長軸，p 為繞日之
週期。以今日習用的公式而言

$$F = mA = 4\pi^2 \frac{a^3}{p^2} m \frac{1}{r^2} = \frac{GMm}{r^2}$$

其中 $4\pi^2 \dfrac{a^3}{p^2}$ 換成 GM，G 為萬有引力常數，m, M 分別為行星和太
陽之質量。

❷關於面積律等價於向心力，現在的解釋是角動量守恆，如圖
　A–1–11。

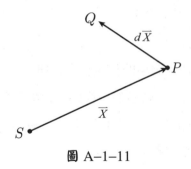

圖 A–1–11

S, P 分別是太陽和行星。$\overrightarrow{SP} = \vec{X}$, $\overrightarrow{PQ} = d\vec{X}$ 代表微量位移，$\left| \vec{X} \times d\vec{X} \right|$ 是 $\vec{X}$ 和 $d\vec{X}$ 決定的外積向量長度，代表微量掃過面積。克卜勒的面積律即：

$$\int_0^H \left| X \times dX \right| = H \cdot C,\ H\ 為經歷的時間\ ,\ C\ 為常數$$

或

$$\int_0^H \left| \vec{X} \times \frac{d\vec{X}}{dt} \right| dt = H \cdot C$$

兩邊對 H 微分得

$$\left| \vec{X} \times \frac{d\vec{X}}{dt} \right| = C$$

或

$$\left| \vec{X} \times \vec{V} \right| = C$$

式中 $\vec{V}$ 是 P 的速度向量。由於是平面運動，所以上式等價於 $\vec{X} \times \vec{V}$ 是一常數向量，此向量若與質量相乘即為角動量。

若角動量守恆，將 $\vec{X} \times \vec{V}$ 對時間微分，得

$$\frac{d\vec{X}}{dt} \times \vec{V} + \vec{X} \times \frac{d\vec{V}}{dt} = \vec{0}$$

但 $\dfrac{d\vec{X}}{dt}=\vec{V}$, $\dfrac{d\vec{V}}{dt}=\vec{A}$（加速度向量），因此得 $\vec{X}\times\vec{A}=0$，易見受力 $\vec{A}$ 為 $\vec{X}$ 的反方向，即受到太陽之向心吸引力。

在牛頓的時代，普遍相信行星繞日是受到太陽的吸引力，也同意此一向心吸引力等價於面積律。因此下一個任務就是理解此一向心力的大小。當時確有不少人，如：胡克，猜測此力與距離的平方成反比，但是只有牛頓用嚴謹的數學從橢圓的幾何性質推得了平方反比，此即《原理》的第一卷第三章命題 11。

❸ 曲率概念由牛頓提出，見《原理》引理 11，p. 53。在牛頓的時代，大家先理解了等速圓周運動的向心加速度公式，$A=\dfrac{v^2}{\rho}$，式中 A 為向心加速度，v 為（等）速度，ρ 為圓半徑。大家也理解到一般運動的加速度有兩個作用，一是沿切線方向加速，另一是轉彎，負責轉彎的加速度就是加速度在垂直切線方向的投影，而轉彎的半徑就是曲率半徑，此即本節所得公式(6)：

$$|A|\sin\varepsilon=\frac{|V|^2}{\rho}$$

❹ 1983 年諾貝爾物理獎得主錢卓斯卡 (S. Chandrasekhar, 1910～1995) 在 1990 年以 80 高齡發憤註釋牛頓的《原理》。1994 年完稿交由牛津大學於次年出版，書名 *Newton's Principia for the Common Reader*，同時錢氏又在 1994 年《當代科學》(*Current Sci.*), 67 卷 7 期 (1994), pp. 495–496 發表 〈On reading Newton's Principia at age past eighty〉，在這些著作中錢氏均提及橢圓的曲率半徑公式，及此公式與平方反比規律的關聯，但是錢氏對曲率公式的證明比較不像本文那麼直接，詳本文第四節。

❺如圖 A–1–12

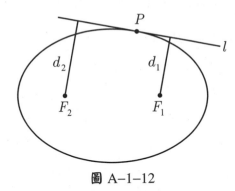

圖 A–1–12

從焦點 F_1, F_2 到切線 L 的垂線段長分別為 d_1, d_2，則由橢圓的光學性質看出圖 A–1–13 這個等腰梯形。

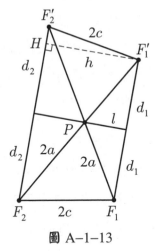

圖 A–1–13

圖中 F_1', F_2' 分別是 F_1, F_2 對切線 l 的鏡射點，F_2, P, F_1' 和 F_1, P, F_2' 均滿足三點共線，圖中 $\overline{F_1'F_2} = \overline{F_1F_2'} = 2a$, a 為半長軸，$\overline{F_1F_2} = \overline{F_1'F_2'} = 2c$, c 為焦點到橢圓中心的長度。令 h 為此等腰梯形的高，則有

$$4a^2 = \overline{F_2H}^2 + h^2 = (d_1 + d_2)^2 + h^2$$

$$4c^2 = \overline{F_2'H}^2 + h^2 = (d_2 - d_1)^2 + h^2$$

$$4b^2 = 4a^2 - 4c^2 = 4d_1d_2$$

因此，$d_1d_2 = b^2$，式中 b 為橢圓之半短軸，此即焦切距乘積定理。

參考文獻

一、牛頓《自然哲學的數學原理》臺北：大塊文化，2005。

二、張海潮、沈貽婷《古代天文學中的幾何方法》臺北：三民書局，2015。

三、項武義、張海潮、姚珩《千古之謎》臺北：商務印書館，2010。

四、Chandrasekhar, S., *Newton's Principia for the Common Reader*, Oxford Univ. Press, Oxford, 1997.

五、Maxwell, C., *Matter and Motion*, Dover Pub., New York, [1877] 1991.

02 牛頓的超酷定理

(Newton's Superb Theorem)
——均質球殼對殼外一點的重力可視為質量集中於球心

張海潮、侯以修　著

William Stukeley (1687～1765) 是牛頓 (1643～1727) 的朋友，也是牛頓生平回憶錄 (*Memoirs of Sir Isaac Newton's Life*) 的作者。Stukeley 在書中記錄了一段牛頓 1726/4/15 的談話：

> 晚餐後天氣漸暖，我們兩人到園中坐在蘋果樹下喝茶。談話中，牛頓告訴我當年他會想到萬有引力的情景正如當下❶。那天他坐在樹下沉思，剛巧看到蘋果落下。他想，為什麼蘋果落下是垂直地面？為什麼脫開的方向不會偏離地心或是向上，而是直指地心？顯然，理由是地球吸引蘋果而下。這一定是物質具有引力，而地球各部分物質所具引力之總和

是指向地心，絕不會偏離，所以導致蘋果垂直落向地心。如果物質可以吸引物質，引力必定與它們的質量成正比，因此正如地球吸引蘋果，蘋果必定也吸引地球。這就是我們現在稱之為引力者，充填宇宙，無所不在❷。

Stukeley 所描述的正是萬有引力概念的發端，但是在量化的過程中，牛頓碰到兩個問題，第一，此一引力是否與距離的平方成反比？第二，地球對蘋果的吸引力是否可以視為將質量完全集中於球心？

從克卜勒的三大行星律，將太陽及行星均視為質點，牛頓成功的回答了第一個問題❸。關於第二個問題，牛頓在第一個問題討論星體之間的引力時，均將星體視為質點，當星體之間距離很大，此一看法尚稱允當，但當審視地球對蘋果的吸引力時，如果無法將地球的質量看成集中於地心，一方面無法將地表 9.8 公尺／秒^{2}的向心加速度和月球繞地球的向心加速度比較，另一方面，將星體或月球視為質點終究是一個近似而非準確的理論。不過牛頓還是證明了第二個問題的正確性，這就是《原理》第一卷第十二章的命題 71，由於命題 71 討論均質球面對外的吸引力，因此又稱殼定理 (Shell Theorem)，其內容如下❹：

「如果均質球殼外的小球 P 受到球殼上每一點的吸引力均反比於小球 P 到這些點距離的平方，則小球 P 受到球殼的總吸引力會反比於它到球心距離的平方。」

牛頓接著在《原理》的第三卷命題 8 寫道：「我在發現指向整個行星的引力由指向其各部分的引力複合而成，而且指向其各部分的引力反比於到該部分距離的平方之後，仍不能肯定，在合力是由如此之多的分力組成的情況下，究竟距離的平方反比關係是精確成立，還是近

似如此，因為這在較大距離上足以精確成立的比例關係，可能在行星表面附近時會失效，在該處粒子間距離是不相等的，而且位置也不相似。」所以說，第一卷的命題 71 是整個萬有引力的關鍵，如果沒有這個定理，那在計算蘋果受地球的吸引力時，就不能將蘋果至地球的距離視為地球半徑，因為地球各處都給予蘋果與距離平方成反比的吸引力，我們怎麼能確定這些「合力」是多少？

　　牛頓在《原理》書中對上述命題 71 的證明，使用了極限和微積分的概念，但是卻刻意迴避微分、積分的符號，而改用大量的幾何論證。並且，牛頓在證明中，動用了令人難懂的積分技巧，連英國數學家李特伍德 (J. Littlewood, 1885～1977) 都說這個命題是 ：「留給讀者無助的困惑。」數學史家克萊因 (M. Kline, 1908～1992) 也如此描述：「雖然此書帶給牛頓極大名望，但它卻非常難以了解。牛頓曾告訴一位朋友，他有意讓此書艱難，以免受數學膚淺者的貶抑，他毫無疑問希望藉此避免早期在光學論文上所受到的批判。」

　　1970 年 8 月，王其允和項武義在臺北《科學月刊》發表〈是蘋果還是開普勒啟發了牛頓？〉，文中對上述命題 71 提供了一個簡潔的證明。後來項武義和張海潮在《數學傳播》❸重現了這個證明，但是不夠詳盡。本文分做兩節，㈠是把王、項的證明寫詳盡，㈡是用微積分的符號再現王、項的證明。

㈠

　　我們的策略是要找出一個好方法把各處的吸引力統合起來，既然各處的吸引力在原本的球殼上不好加總，那我們就把它們放到另一個小籃子裡去加總，這個小籃子，其實是一個單位球殼，如果我們把吸引力都轉移到這個小球殼上，那就可以輕易得到我們要的結論了。

　　由於均勻球殼的對稱性，其對球殼外質點的吸引力指向球心方向是顯而易見的。對於半徑為 R 之球殼來說，其面積為 $4\pi R^2$，假設球殼密度為 ρ，則其質量為 $4\pi R^2\rho$，所以我們必須證明的是，球殼對球外一點 P 之吸引力大小為

$$\frac{G(4\pi R^2\rho)m}{\overline{OP}^2}$$

其中，G 為萬有引力常數，m 為球殼外質點的質量，O 為球殼中心，P 為質點位置。為了簡化證明，我們設 $m = \rho = 1$，所以最後我們應該要得到此吸引力大小為

$$\frac{G(4\pi R^2)}{\overline{OP}^2}$$

　　如圖 A–2–1，我們先在 $\overline{OP}$ 上取一點 P'，使得 $\overline{OP}\times\overline{OP'}= R^2$，$P'$ 稱為 P 對圓的反射點，如此一來，對球殼上任一點 Q，我們有 $\triangle OQP' \sim \triangle OPQ$。若是令 $\angle OPQ = \alpha$，則 $\angle OQP' = \angle OPQ = \alpha$。

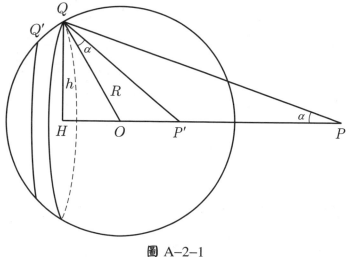

圖 A–2–1

接著，取一極小段弧 $\overset{\frown}{QQ'}$，繞直線 $\overleftrightarrow{OP}$ 旋轉得一環帶，令此環帶的半徑為 h，即為圖中 Q 到直線 $\overleftrightarrow{OP}$ 的距離。則我們可以算出此環帶對 P 點之吸引力大小為

$$\frac{G(2\pi h\overset{\frown}{QQ'}\cos\alpha)}{\overline{QP}^2}$$

其中的 $2\pi h\overset{\frown}{QQ'}$，代表了 $\overset{\frown}{QQ'}$ 繞出的環帶面積。因為我們取的 $\overset{\frown}{QQ'}$ 為極小段的弧，它所繞出的環帶近似於長方形，此長方形的長近似於環帶的周長 $2\pi h$，寬則為 $\overset{\frown}{QQ'}$，所以面積近似於 $2\pi h\overset{\frown}{QQ'}$ ❺。

然後，我們以 P' 為圓心，$\overline{P'Q}$ 為半徑畫弧，交 $\overline{P'Q'}$ 於 Q''，如圖 A–2–2。

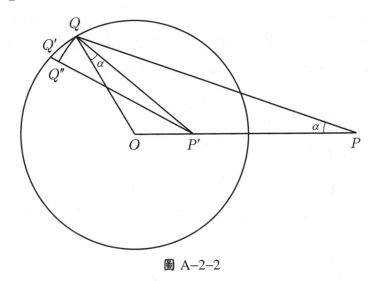

圖 A–2–2

由此圖，我們可以觀察出一些相互垂直的關係，首先是：$\overset{\frown}{QQ'}$ 垂直於 $\overline{OQ}$ 及 $\overset{\frown}{QQ''}$ 垂直於 $\overline{P'Q}$，如此可以推得

$$\angle Q'QQ'' = \angle OQP' = \alpha$$

　　另外，我們還可以觀察到 $\overset{\frown}{QQ''}$ 垂直於 $\overline{P'Q''}$，所以有以下的關係式：

$$\overset{\frown}{QQ'}\cos\alpha = \overset{\frown}{QQ''}$$

利用上式，我們改寫環帶的吸引力大小

$$\frac{G(2\pi h\overset{\frown}{QQ'}\cos\alpha)}{\overline{QP}^2} = \frac{G(2\pi h\overset{\frown}{QQ''})}{\overline{QP}^2}$$

接著，將式子同時乘以 $\overline{OP}^2$ 及除以 $\overline{OP}^2$

$$= \frac{G(2\pi h\overset{\frown}{QQ''})}{\overline{OP}^2}\frac{\overline{OP}^2}{\overline{QP}^2}$$

再利用 $\triangle OQP' \sim \triangle OPQ$，得到邊長的比例關係 $\dfrac{\overline{OP}}{\overline{QP}} = \dfrac{\overline{OQ}}{\overline{QP'}}$，繼續改寫

$$= \frac{G(2\pi h\overset{\frown}{QQ''})}{\overline{OP}^2}\frac{\overline{OQ}^2}{\overline{QP'}^2}$$

$$= \frac{G(2\pi h\overset{\frown}{QQ''})}{\overline{OP}^2}\frac{R^2}{\overline{QP'}^2}$$

$$= \frac{G(2\pi R^2)}{\overline{OP}^2}\frac{h}{\overline{QP'}}\frac{\overset{\frown}{QQ''}}{\overline{QP'}}$$

　　到此，$\dfrac{1}{\overline{OP}^2}$ 已經出現，接下來我們要處理的是 $\dfrac{h}{\overline{QP'}}$ 和 $\dfrac{\overset{\frown}{QQ''}}{\overline{QP'}}$ 這兩項。

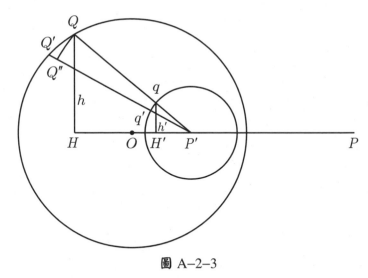

圖 A–2–3

以 P' 為球心，作一單位球殼 （這就是我們的籃子），交 $\overrightarrow{P'Q}$ 於 q，交 $\overrightarrow{P'Q'}$ 於 q'，如圖 A–2–3。並令 $h' = \overline{qH'}$ 為 q 到直線 $\overleftrightarrow{OP}$ 的距離。

我們觀察出，圖中的大球殼及小球殼之間有一些相似形的關係，其中，利用 $\triangle P'QH \sim \triangle P'qH'$，由對應邊長成比例，可以推得

$$\frac{h}{\overline{QP'}} = \frac{h'}{\overline{qP'}} = h'$$

另外還有，扇形 $P'QQ'' \sim$ 扇形 $P'qq'$，所以其對應邊長也成比例，推得

$$\frac{\overparen{QQ''}}{\overline{QP'}} = \frac{\overparen{qq'}}{\overline{qP'}} = \overparen{qq'}$$

利用上面兩式，我們便可以把 $\dfrac{h}{\overline{QP'}}$ 和 $\dfrac{\overparen{QQ''}}{\overline{QP'}}$ 這兩項換掉。

$$\frac{G(2\pi R^2)}{\overline{OP}^2} \frac{h}{\overline{QP'}} \frac{\overparen{QQ''}}{\overline{QP'}} = \frac{G(2\pi h' \overparen{qq'} R^2)}{\overline{OP}^2}$$

至此，大環帶對 P 的吸引力

$$\frac{G(2\pi h\widehat{QQ'}\cos\alpha)}{\overline{QP}^2}$$

已被我們轉換為與小環帶和 $\overline{OP}^2$ 有關的量

$$\frac{G(2\pi h'\widehat{qq'}R^2)}{\overline{OP}^2}$$

　　注意到式中的 $2\pi h'\widehat{qq'}$，它其實代表了 $\widehat{qq'}$ 繞出的小環帶面積。我們的想法是把球殼 O 切成一條條的環帶，並一對一且映成的對應到球殼 P' 的環帶，也就是說，所有球殼 O 的環帶，會剛好對應到所有球殼 P' 的環帶。所以，當我們加總的時候，原本的關係式

$$\frac{G(2\pi h\widehat{QQ'}\cos\alpha)}{\overline{QP}^2}=\frac{G(2\pi h'\widehat{qq'}R^2)}{\overline{OP}^2}$$

對於所有大球殼及小球殼中相對應的環帶皆會成立，即

$$\sum_{\text{球殼 }O}\frac{G(2\pi h\widehat{QQ'}\cos\alpha)}{\overline{QP}^2}=\sum_{\text{球殼 }P'}\frac{G(2\pi h'\widehat{qq'}R^2)}{\overline{OP}^2}$$

如此，我們便將大球殼中每一條環帶對 P 點的吸引力，轉移到小球殼那邊去加總。且因為單位球殼的面積為 4π，所以會有

$$\sum_{\text{球殼 }P'}2\pi h'\widehat{qq'}=4\pi$$

最後得到

$$\sum_{\text{球殼 }P'}\frac{G(2\pi h'\widehat{qq'}R^2)}{\overline{OP}^2}=\frac{G(4\pi R^2)}{\overline{OP}^2}$$

此即王其允和項武義對牛頓《原理》第一卷命題 71 的證明。

(二)

　　在第二節，我們將把(一)的證明以微積分的標準程序平行處理，例如 $\widehat{QQ'} = Rd\gamma$，請見圖 A–2–4（P' 為 P 對圓的反射點）。

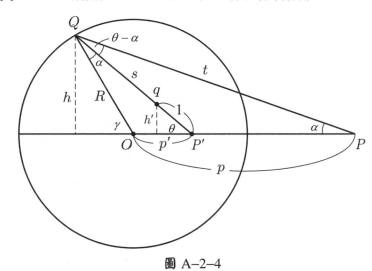

圖 A–2–4

　　圖中 $R = \overline{OQ} =$ 半徑，$p = \overline{OP}, p' = \overline{OP'}$，由於 $pp' = R^2, \dfrac{p'}{R} = \dfrac{R}{p}$，

所以有 $\triangle OPQ \sim \triangle OQP'$, $\angle OQP' = \angle OPQ = \alpha$, $\angle OP'Q = \angle OQP = \theta$。

　　如前一節，我們要計算

$$\sum \frac{G(2\pi h \widehat{QQ'} \cos \alpha)}{\overline{QP}^2} = \frac{G(4\pi R^2)}{\overline{OP}^2}$$

注意到現在 $\widehat{QQ'}$ 應該表成 $Rd\gamma$，所以應該要能算出：

$$\int \frac{2\pi h R d\gamma \cos \alpha}{\overline{QP}^2} = \frac{4\pi R^2}{p^2}$$

在 $\triangle OPQ$ 中，由正弦定律得

$$\frac{\sin \alpha}{R} = \frac{\sin \theta}{p}$$

R、p 皆為常數，所以

$$\frac{\cos\alpha d\alpha}{R} = \frac{\cos\theta d\theta}{p} \text{ 得 } \cos\alpha\frac{d\alpha}{d\theta} = \frac{R}{p}\cos\theta \qquad (1)$$

考慮 $\gamma = \alpha + \theta, \frac{d\gamma}{d\theta} = \frac{d\alpha}{d\theta} + 1$

由(1)得到 $\frac{d\gamma}{d\theta} = 1 + \frac{R}{p}\frac{\cos\theta}{\cos\alpha}$ 所以

$$Rd\gamma\cos\alpha = R\cos\alpha(1 + \frac{R}{p}\frac{\cos\theta}{\cos\alpha})d\theta = R(\cos\alpha + \frac{R}{p}\cos\theta)d\theta$$

$$= \frac{R}{p}(p\cos\alpha + R\cos\theta)d\theta = \frac{R}{p}td\theta = R\frac{t}{p}d\theta = R\frac{s}{R}d\theta$$

$$= sd\theta = \overline{QP'}d\theta \qquad (2)$$

由(2)

$$\int\frac{2\pi hRd\gamma\cos\alpha}{\overline{QP}^2} = \int\frac{2\pi h\overline{QP'}d\theta}{\overline{QP}^2}$$

同前一節的比例關係，$h = h'\overline{QP'}$ 所以

$$原式 = \int\frac{2\pi h'(\overline{QP'})^2 d\theta}{\overline{QP}^2} = \int 2\pi h'\frac{s^2}{t^2}d\theta$$

$$= \int 2\pi h'\frac{R^2}{p^2}d\theta = \frac{R^2}{p^2}\int 2\pi h'd\theta$$

但 $\int 2\pi h'd\theta$ 是單位球的表面積 4π，所以原式 $= 4\pi\frac{R^2}{p^2}$，殼定理得

證[67]。

——原載於《數學傳播》2015 年 39 卷 4 期——

附註

❶ 1665 年，因為鼠疫流行，劍橋大學關閉，牛頓回到故鄉住了 18 個月，大致上完成了萬有引力初探。此段 Stukeley 所述引自 Chandrasekhar p. 2（見參考文獻一）。

❷ 原文是 "...gravity, which extends itself through the universe."，"Universal Gravitation" 的中譯即「萬有引力」。

❸ 克卜勒行星律中的面積律等同於太陽與行星之間有一向心的引力，見牛頓《原理》第一卷第二章命題 1、命題 2。從行星律中的橢圓律可以證出引力的大小與距離的平方成反比，見牛頓《原理》第一卷第三章命題 11。又從命題 11 的證明和週期律可以得出公式 $G\dfrac{Mm}{R^2}$ 中的比例 G 是一個常數 $G = \dfrac{4\pi^2}{M}\dfrac{a^3}{T^2}$，式中 M 是太陽的質量，a 是行星軌道的半長軸，T 是行星繞日的週期，週期律說 $\dfrac{a^3}{T^2}$ 在太陽系中是一常數。請參考《數學傳播》32 卷 2 期 pp. 3–12〈從刻卜勒到牛頓──千古謎題破解日，萬有引力發現時〉作者項武義、張海潮。

❹ 牛頓在 1665～1666 年計算了月球繞地球的向心加速度並和地表的 9.8 公尺／秒^{2}比較，此一過程請參考篇 3　02 月亮代表我的心，或三民書局 (2013/6)《數學放大鏡》〈牛頓的月球試算〉，作者張海潮。在此計算中，牛頓先行假設地球的質量可以視為集中在球心，但是證明真正的完成是在 1685 年。殼定理也討論到均質球面對球內的吸引力為 0，這個結論比較簡單，在此不論。

❺ $\overset{\frown}{QQ'}$ 在微積分的語言通常表成 ds，代表弧長。一般求球面的面積就是利用積分 $\int 2\pi h d\theta$。本文得到的一些幾何圖形都是在微量的層次上討論，這是在建立微積分公式時常用的無窮小／加總／極限方法。

❻ Q 在圓 O 上走一圈，對應的 q 也在單位圓上走一圈。

❼ V. I. Arnold 在紀念《原理》出版 300 週年時出了一本書 *Huygens and Barrow, Newton and Hooke* 在書中 p. 28，他提到 Laplace (1749~1827) 利用 Gauss (1777~1855) 散度定理證明命題 71，這個證明對熟悉向量微積分或是馬克斯威爾方程式的讀者也許更直接。

參考文獻

一、Chandrasekhar, S., *Newton's Principia for the Common Reader*, Oxford Univ. Press, Oxford, 1997.

二、Arnold, V., *Huygens and Barrow, Newton and Hooke*, Birkhauser Verlag Basel, 1990.

三、王其允、項武義〈是蘋果還是開普勒啟發了牛頓？〉臺北：《科學月刊》，1970 年 8 月。

四、項武義、張海潮〈從克卜勒到牛頓〉臺北：《數學傳播》，32 卷 2 期，2007。

五、項武義、張海潮、姚珩《千古之謎》臺北：商務印書館，2010 年 4 月。

六、張海潮《數學放大鏡》臺北：三民書局，2013 年 6 月。

七、侯以修〈以數理分析克卜勒三大行星律——牛頓的萬有引力定
　　律〉臺大數學系碩士論文，2013 年 7 月。

03 論幾何學之基礎假說

黎曼 著　　張海潮、李文肇 譯

研究大綱

　　大家知道，幾何學事先設定了空間的概念，並假設了空間中各種建構的基本原則。關於這些概念，只有敘述性的定義，重要的特性則以公設的形態出現。這些假設（諸如空間的概念及其基本性質）彼此間的關係尚屬一片空白；我們看不出這些概念之間是否需要有某種程度的關聯，相關到什麼地步，甚至不知是否能導出任何的相關性。

　　從歐幾里得 (Euclid) 到幾何學最著名的改革家雷建德 (Legendre)，無論是數學家或研究此問題的哲學家都無法打破這個僵局。這無疑是因為大家對於「多元延伸量」（包括空間量）的概念仍一無所知。因此我首先要從一般「量」的概念中建立「多元延伸量」的概念。我將指出，「多元延伸量」是可以容納若干度量關係的。所以我們所處的空間也不過是三元延伸量的一種特例。然而在此必然會發覺，幾何學中的定理並不能由「量」的一般概念中導出，而是要源自經驗和能夠將空間從其他易知的三元量屬性區分出來。因而有了一個問題，

即如何找出一組最簡單的數據關係來決定空間的度量關係。這個問題的本質尚有爭議且可能有好幾套簡單的數據關係均符合要求。單就眼前的問題看，最重要的一套是歐幾里得作為幾何學原本的公設。一如所有數據關係的定義，它們並沒有邏輯上的必然性。只是由經驗認可，是一個假說。因此，我們能夠做的是研究這類數據關係的可靠性（在我們的觀察範圍內當然相當可靠）。然後考慮是否能夠延伸到觀察範圍之外，亦即朝向測量不能及的大範圍和小範圍來推廣。

一、n 元量的概念

在嘗試解決第一個問題──n 元延伸量概念的建立之前，我懇求大家多批評指教，因為在這種哲學性質的工作上，觀念比理論建構還難，而我在這方面所受的訓練甚少。過去所學，除了樞密顧問高斯 (Gauss) 談雙二次剩餘的第二篇論文中的少許提示，他的五十週年紀念冊及哥廷根學術雜誌中的點滴及赫巴特 (Herbart) 的一些哲學研究外，也少能派上用場。

1.

要了解「量」必須先有一個關於「量」的普遍觀念和一些能體現它的特殊事例。這些事例形成了所謂的流形：任兩事例若可以連續地漸次轉移成為彼此，是連續流形，否則為離散流形。個別事例在前者中稱為「點」，在後者稱為「元素」。構成離散流形的例子很多，至少在較高等的語言中一定可以找得到──只要能夠理解一堆東西擺在一起的觀念就夠了（在離散量的研究中，數學家可以毫不遲疑地假設所有的「東西」都是同類的）。反過來說，連續流形的例子在日常生活中

很少，大概只有顏色以及實際物體的所有位置可以算是多元量的幾個簡單實例。這種概念的創造與發展最先並屢屢出現於高等數學。

利用標記或圈圍取出流形的某些部分，稱為「量」。對「量」的定量比較工作，在離散的情形可以用數的，在連續的情況下則需靠測量。測量需將兩個被比較的量疊合；因此必須選出一個量，充當其他量的測量標準。否則，我們只能在一個量包含於另一個量時才能作比較，只能談「較多」、「較少」，而不知絕對的「大小」。以這種的方式進行，形成了對「量」研究的一個部門。其中「量」的觀念獨立於測距，而相依於位置；不以單位表示，而是必須視為流形上的區域。這項研究對數學許多部門而言是必要的（例如多變數解析函數的處理），而這種研究的缺乏，正是阿貝爾 (Abel) 的著名定理及拉格郎吉 (Lagrange)、發府 (Phaff) 和亞各比 (Jacobi) 等人的貢獻之所以未能在微分方程一般理論中有所發揮的主要原因。從「延伸量」的科學的這個部門出發，不需借助任何其他的假設，我們首需強調兩點，以澄清「n 元延伸量」的基本性質。第一點是關於「多元延伸量」這種概念的建立，而第二點則提到如何將流形中定位置的問題轉化為決定數值的問題。

2.

在一個概念下的事例如果構成連續流形，則從其中的一個事例以確定的方式移動到另一個事例時，中間所經過的所有事例會構成一個一元延伸的流形。它的特色是，從其中任一點出發，則只有兩個方向可供連續移動：亦即非往前則往後。現在，我們想像這個一元流形以確定的方式移向另一個完全不同的一元流形，以致於舊流形上每一點都確定的走向新流形上的對應點，則仿前述，這樣的例子便構成了一

個二元延伸流形。以此類推，我們可以想像一個二元延伸流形確定地移向一個完全不同的二元流形而得到一個三元延伸流形，不難看出如何繼續這個建構。如果我們把這個過程中的參與者看成是變動的，而非固定的概念，則這種建構可以看成是融合 n 維和一維的變動度而得到 $n+1$ 維的變動度。

　　反之，我現在要說明怎樣將一個具已知邊界的變動度分解為一個一維變動度及一個較低維的變動度。考慮流形上沿一個一維向度的分解，固定其中之一，使其分解上的點得以相互比較。沿這個向度上的每一點都給定一個值，值隨著點的不同而連續變化。換句話說，我們可以在這個給定的流形上定出一個連續的位置函數，使在流形上的任一區函數的值絕非常數。則當此函數的值固定時，共享此值的所有原流形上的點，便形成了一個較低維的連續流形。函數值改變時，這些流形便分解而連續地從一個變為另一個；我們因而可以假定它們全部都是同一個子流形的變換，而這種變換會使得第一個子流形上的每一點規律地對應到第二個子流形上的每一點。也有些例外的情形，它們相當重要，在此略過。這樣，流形上點的位置，便可化簡為一個數字以及一個較低維的子流形上的點的位置。我們不難發現，原流形若是 n 維，則分解後所得到的子流形必有 $n-1$ 維，這個過程重複 n 次以後，一個 n 元流形上的位置關係便可化為 n 個數字；任一個流形若可依此法予以化簡，則化簡的結果必然是有限個數字。不過也有些較特殊的流形，其位置最後化簡的結果是無窮列或連續體。這流形的例子有：某一區域上的所有函數、一個實體的所有形狀等等。

二、能適用於 n 元量的度量關係（假設線的長度獨立於其形狀，每一條線都可以拿另一條線來量度）

　　在建立了 n 元流形的觀念，並將其中位置決定問題轉化成為數值決定問題的基本性質確立之後，我們接著要討論第二個問題，亦即研究能適用於流形的度量關係，及決定這些關係的條件。這些度量關係只能以抽象方式表示，而它們之間的關連只能藉公式表達。然而在某些假設之下，我們可以把它們化成能獨立地以幾何方式表現的關係，也因而可以將數量運算的結果以幾何表示。因此，雖然無法完全避免抽象公式化的研究，但其結果可用幾何方式表出。這兩個部分的基礎見於樞密顧問高斯談曲面的著名論文中。

　　1.

　　測量，需要先讓量獨立於位置而存在；有很多方法可以辦到這一點。這正是我在此所要提出的假說，亦即線的長度與其形狀無關，每條線都能以另一條線測距。位置化簡為數量，則 n 元流形中的點的位置可用 x_1、x_2、x_3 直到 x_n 等 n 個變量表示；如此，則只要 X（$X = x_1, x_2, \cdots, x_n$）能表為參數 t 的函數，便能定出直線。所以我們的主題是，為線的長度定出一個數學式；為此，所有的 X 要有共同的單位。我要在某些特定條件的限制下處理這個問題。首先我要規定我所討論的線，其 dx_i（x_i 的微變化量）間的比值呈連續變化。如此，我們可以把線分割成許多小段的「線元素」，使得「線元素」上 dx（即 dx_1、dx_2、dx_3、$\cdots$、dx_n 間）的比為定值，我們的問題則是，如何為每一點找出一個 ds 的一般式，其中 ds 必須以 x 和 dx 表示。再則，我要

假設，當「線元素」上每一點都產生相同的微量移動時，「線元素」的長度 ds 一階不變；也就是說，如果所有的 dx 都以同一比例放大，則「線元素」亦以該比例放大。在這些假設之下，「線元素」可以是 dx_i 的一個一次齊次函數，其中 dx_i 全變號時「線元素」不變，且一次齊次式的係數都是 x 的函數。舉一個最簡單的例子：先找一個式子來代表與這個「線元素」的起點等距的所有點所形成的 $n-1$ 維流形；亦即找到一個位置的連續函數，使得上述各等距 $n-1$ 維流形代入之值都不同。則向各個方向遠離起點時，函數的值必須越來越大，或越來越小。我要假設在其往各方向遠離起點時，函數值越來越大，而在起點產生最小值。因此函數的一次與二次微分係數如為有限，則一次項係數須為零，而二次項係數為非負；在此假設二次項係數恆正。當 ds 固定時，這個二次微分式亦固定；當 ds 以同一比例放大時（dx 亦然），它以平方的關係放大。因此，它等於 ds^2 乘以一個常數，而 ds 也因而等於一個以 x 的連續函數為係數的 dx 的正二次齊次式的方根。在物理空間中，如用直角坐標，則 $ds = \sqrt{\Sigma (dx)^2}$；物理空間是我們這個「最簡單的例子」中的特例。下一個次簡單的例子應該算是以四次微分式的四次方根來表示線元的流形了。研究這種更一般的情形並不需要新的原理，然而非常費事，且對物理空間的研究幫助不多，特別是因為其結果無法以幾何形式呈現。我因此只打算研究「線元素」能表為二次微分式方根的這種流形。若以 n 個新的獨立變數的 n 個函數，代替原有的 n 個函數，則可將原來的式子轉換成一個類似的式子。然而我們並不能這樣任意地用此法把一式變成另一式，因為這樣的式子有 $\dfrac{n(n+1)}{2}$ 個係數是獨立變數的任意函數。引進新變數時只能

滿足 n 個條件，因此只能將 n 個係數的值求出。還剩下 $\dfrac{n(n-1)}{2}$ 個係數，完全取決於所代表的流形，而需要 $\dfrac{n(n-1)}{2}$ 個位置函數來定出它的度量關係。因此，像平面和物理空間這樣子，線元素可寫成 $\sqrt{\Sigma dx^2}$ 的流形，構成了一種特殊情形，是我們正要探討的。他們需要一個名稱；因此我想把這種線元素平方能以全微分平方和之式子表示的流形叫做「平」的流形。為了分析上述流形的主要差別，必須除去依賴於表現方式的那些特性。為了達到這一點，我們要依據一定的原理來選擇變量。

2.

基於以上目的，我們要建立一個自一原點出發的測地線或最短曲線系統。如此，任意點可經由兩個條件而確定其位置：連接該點與原點的最短曲線的長度，以及此線在原點的初始方向。也就是說，找出 dx^0（起始點上沿最短曲線的 dx）的比值，及此線的長度 s，就可得所求點的位置了。我們現在引進一組線性表式 $d\alpha$ 來代替 dx^0，使得在原點線元素的平方等於這些 $d\alpha_i$ 的平方和，因此獨立變數變成了 s，以及諸 $d\alpha$ 的比。最後，找 $x_1, x_2, x_3, \cdots, x_n$ 使其與 $d\alpha_i$ 成正比，且平方和等於 s^2。引入這個量之後，對於微量的 x，線元素的平方會等於 Σdx_i^2。但它的展式中的下一級則是一個有 $\dfrac{n(n-1)}{2}$ 項的二次齊次式：$(x_1 dx_2 - x_2 dx_1), (x_1 dx_3 - x_3 dx_1), \cdots$，形成了一個四次的微量；我們若將它除以 $(0, 0, 0, \cdots), (x_1, x_2, x_3, \cdots), (dx_1, dx_2, dx_3, \cdots)$ 三點為頂點的三角形的平方，將得到一個有限值。此值在 x 和 dx 同屬

一個二元線性式時，或當由原點到 x 及由原點到 dx 這兩條線屬同一面元素時，是不會變的，因此視面元素的位置和方向而定。很顯然，若我們的流形是「平」的，它會等於 0；此時線元素的平方可以化為 $\sum dx_i^2$；因而可以將該值視為在此面元素的方向上與「平」之偏差的一個指標。將它乘以 $-\dfrac{3}{4}$，則變成了樞密顧問高斯所稱的面曲率。先前提過，需要有 $\dfrac{n(n-1)}{2}$ 個位置函數才能確定上述 n 元流形的度量關係。因此，每點若給定 $\dfrac{n(n-1)}{2}$ 個面方向的曲率，便可定出流形的度量關係；但有個條件：這些曲率值之間不能有恆等式的關係，而確實如此，一般不會發生這種情形。這樣一來，這種能以微分平方式的方根表線元素的這種流形，其度量關係因此以完全獨立於變量的選擇表示。我們也可以用同樣的方法處理一種線元素表現得稍複雜的情形——線元素表成微分的四次式的四次方根。在這種更一般的情形下，線元素無法化成微分式的平方和的根號，因此線元素平方與「平」的偏差度將會是二階的微量，而非如其他流形是四階微量。這種特性，不妨叫做最小部分的平面性。然而就目前而言，這些流形最主要的特性，也是我們之所以要加以研究的原因，是二維流形的度量關係可以用幾何上的「曲面」來代表，而多元流形的度量關係可以化為自身所包含的「曲面」。我們將再做討論。

　　3.

　　在曲面的了解上，內在的度量關係，雖然只和曲面上路徑的長度相關，卻往往和曲面與其外部點之相對位置扯上關係。然而我們可以自外在關係中把曲面抽出，方法是用一種不改變面上曲線長度的彎曲；

亦即曲面只能加以彎曲，而不能伸縮，因彎曲而產生的各種曲面都視為相同。因此，任何的圓柱面和圓錐面和平面是相同的，因為只要將平面彎曲便可形成錐和柱，而內在度量關係不變，所有關於平面的定理——整個平面幾何學，都仍然有效。反過來說，球和上述的三種面則根本上不同，因為由球面變成平面勢必要伸縮。根據前面的研究，二元量的線元素若能表為微分平方式的方根，如曲面，則其每一點的內在度量關係決定於（面）曲率。就曲面而言，這個量可以想像成曲面在這點的兩個曲率的積；或者由另一角度看：這個量乘以一個由測地線形成的無限小三角形（隨著其直徑的縮小），會等於內角和減去兩直角（用弳度量表示即內角和減 π）的一半。第一個定義預設了兩個曲率積在曲面彎曲下不變的定理。第二個定義則假定一個無限小三角形，其內角和減去兩直角會正比於面積。為了在 n 元流形中給定點的一個面方向上，替曲率下一個可以理解的定義，我們先提過，發自一點的最短曲線決定於其初始方向。同理，如果將所有起自一點而處在面元上的向量延長成最短曲線，則可定出曲面；而這曲面在這定點上有一定的面曲率，此面曲率等於此點的 n 元流形沿曲面方向的曲率。

4.

把這些結果應用到空間幾何上之前，我們還需要對「平」的流形（亦即，線元素平方可以表為全微分的平方和的流形）做一些通盤的考慮。

在一個「平」的 n 元流形上，每一點，每一方向的曲率皆為 0；然根據前面的研究，如果要決定其度量關係，必須知道每一點上有 $\dfrac{n(n-1)}{2}$ 個獨立曲面方向，其曲率為 0。曲率處處為 0 的流形，可以

看成是曲率處處為定值的流形的一種特例。曲率為定數的流形，其共同特徵如下：其上的圖形可移動而不必伸縮。很顯然，每一點為每一方向的曲率如果不全相同，圖形便無法自由地平移、旋轉。反過來說，流形度量的性質完全由曲率決定；因此在任一點的每個方向上的值與在另一點每個方向上的值完全相同，因此可以從任何一點開始。所以在曲率固定的流形上，圖形可以擺在任何位置。這些流形的度量關係僅決定於曲率之值；順便由解析的觀點看，此值若記為 a，則線元素可表為 $\dfrac{1}{1+\dfrac{a}{4}\sum x^2}\sqrt{\sum dx^2}$。

5.

　　常曲率的曲面可用來做幾何的例證。我們不難看出，常曲率為正的曲面，必可滾貼到半徑為該曲率倒數的球上。為了了解這種曲面的各種變化，我們取一個球，以及在赤道與球相切的旋轉面。

　　常曲率比球大的這類曲面，會從球的內部與赤道相切，類似輪胎面的外側；它們也可以滾貼上半徑較小的球帶，但可能不止一層。曲率比球小，而仍為正的曲面，可由下面的方法得到：用兩個大半圓切割較大半徑的球面，再把切割線貼合起來。曲率為 0 的曲面，是一個在赤道與球相切的圓柱；若曲率為負，則類似輪胎面的內側，在赤道與球外切。如果把這些曲面看成面塊在其中移動的所有可能位置，正如空間是物體的位置一般，則小面塊可在曲面上自由移動而不必伸縮。曲率為正的曲面可以讓面塊自由移動而不必彎曲，如球面，但曲率為負就不行了。除了這種小面塊對位置的獨立性之外，在曲率為 0 的曲面中，有一種其他曲面沒有的特性，即方向獨立於位置。

三、物理空間中的應用

1.

研究了 n 元量的度量關係的決定方式之後，我們可以給出決定物理空間的度量關係的充要條件；但大前提是，先假設線長是獨立於其形狀，且線元素可表成微分平方式的方根──因此極微小的狀態可視為「平」的。

首先，這些條件可以表成為在每一點有三個面方向，它們的曲率為 0；因此，只要三角形三內角和等於兩直角，物理空間的度量關係便確立了。

但其次，如果我們跟歐幾里得一樣，假設不止線獨立於形狀，而體亦然，則結果將是曲率處處為定數；而知道一個三角形的內角和，便知道所有三角形的內角和。

第三，也是最後，與其假設線的長度獨立於位置、方向，亦可假設長度與方向獨立於位置。基於這個觀念，位置的差或變化，是用三個獨立單位表示的複數。

2.

在前述討論中，我們先將擴張性或區域性的觀念和度量關係分開，然後發現同一個擴張關係下可以容許不同的度量關係；我們選擇了一套特殊的度量，使得物理空間的度量關係得以由此確定，而所有相關的定理可由此推得。接下來要討論的是，這些假設的產生，是如何依賴經驗。在這裡，擴張關係和度量關係差別就大了：前述第一種情形的可能狀態是離散的，其得自經驗的理解雖未必完全確定，卻是準確

的；而第二種可能狀態是連續的，經驗的取決準確率再高，仍是不準的。這種分別，在將經驗擴充到觀察所不能及的大範圍和小範圍時，會特別重要，後者會在觀察能力之外越來越模糊，但前者不會。

物理空間的建構推廣到超乎量度之大時，注意「無界」與「無限」之別，一個是擴張關係的，一個是度量關係的。空間是一個無界的三元流形這件事，是一個被用於所有的對外在世界的理解的一個假設。擴充感官認知時要用到它，探索物體的可能位置時也要用到它；從這些用途中不斷肯定這個假設。空間無界的性質，其確切性比任何一種外在的經驗都強，但無限性卻無法由此得到；恰恰相反的是，如果假設物體獨立於位置，因而給定一個固定的正曲率（不管多小都可以），則物理空間必屬有限。如果在一個曲面方向把初始向量延長成最短曲線，可以得到一個正常曲率的無界曲面，因而該曲面若在平的三元流形內，必為一球面，因而是有限的。

3.

超測度之大的問題，對處理自然界現象是沒有用的。但超測度之小的問題則不同。我們對於微觀現象的因果關係的知識，有賴於我們處理無限小問題的精確度。近幾個世紀，人類對於自然界運作方式的理解幾乎全來自建構的精確性，這種精確性來自無限量分析的發明，以及現代物理所借助的阿基米德、牛頓、伽利略等人的原理。相對的，在尚無法運用這種原理的自然科學中，它的因果關係仍有賴於微量的分析，但只能做到顯微鏡的放大極限為止。因此，物理空間的度量關係中，無限小的問題並非無用。

我們若假設物體獨立於位置而存在，則曲率必處處為常數，而由天文觀測中可知，這個常數不能非 0；至少，其倒數必大到使望遠鏡的觀測範圍變得微不足道。但如果物體不獨立於位置而存在，則無限小的度量關係便不能由無限大的來下結論；每一點的曲率都可以在三個方向自由變動，只要滿足空間中每一個可測量的部分的總曲率顯然是 0。若線元素無法如先前所述，表為微分式平方和的方根，關係會變得更複雜。物理空間度量關係的基本認知來自剛體和光束的概念，而它們似在無限小的世界中並不適用；因此可以相當肯定的認為，物理空間中的度量關係，在無限小的時候並不合乎幾何學的假說。事實上，只要這點能夠更方便我們解釋現象，就應立即接受這個假設。

幾何學的假說在無限小時是否適用的問題，牽涉到空間度量關係的基礎。關於此問題（仍屬物理空間的研究），上述的註腳是適用的；在離散流形中，度量關係的原理已經包含在流形的概念中；但在連續的情形，則必須來自別處。因此，要就是物理空間的深層結構是離散流形，要不就是其度量關係的基礎必須自外界尋找，如作用其上的束縛力。

要回答這些問題，必須從現象的理解出發，理解這些經驗所認可的現象；牛頓打下了它的基礎，並一步步用其所無法解釋的現象加以修正。像前面這種，從一般概念出發的研究，只能保證我們的工作並未受狹隘的觀念所限，傳統的偏見並未阻礙我們理解事物的關連性。

這就把我們帶進了另一個領域──物理學，我想我們就此打住吧！

──原載於《數學傳播》1990 年 14 卷 3 期──

附註

　　這篇論文是黎曼 (1826～1866) 在 1854 年 6 月 10 日於哥廷根大學的就職演講。原文是德文，我們從 Spivak《微分幾何》第二冊上的英譯翻成中文。

　　論文闡述黎曼對幾何的看法。許多地方我們只能直譯，Spivak 似乎也了解這篇論文的難懂之處，因此特別在英譯文之後加了「數學的」註解。有興趣想更進一步了解的讀者可以參考同書第 4B 章〈What did Riemann say?〉

　　翻成中文後，我們曾在 1990 年臺大數學系大三幾何的最後一堂中宣讀。作為學了一年曲線曲面論的總結。

國家圖書館出版品預行編目資料

當火車撞上蘋果：走近愛因斯坦和牛頓／張海潮著.
－－初版一刷.－－臺北市：三民，2020
面；　公分.－－（鸚鵡螺數學叢書）

ISBN 978-957-14-6772-6　（平裝）
1.數學 2.物理學 3.通俗作品

310　　　　　　　　　　　　　108021581

鸚鵡螺 數學叢書

當火車撞上蘋果──走近愛因斯坦和牛頓

作　　　者	張海潮
總 策 劃	蔡聰明
責任編輯	郭欣瓚
美術編輯	陳祖馨

發 行 人	劉振強
出 版 者	三民書局股份有限公司
地　　　址	臺北市復興北路 386 號 (復北門市)
	臺北市重慶南路一段 61 號 (重南門市)
電　　　話	(02)25006600
網　　　址	三民網路書店 https://www.sanmin.com.tw

出版日期	初版一刷 2020 年 1 月
書籍編號	S318410
Ｉ Ｓ Ｂ Ｎ	978-957-14-6772-6

三民書局